新编家常菜

徐湘婷 编著

团结出版社

图书在版编目（CIP）数据

新编家常菜 / 徐湘婷编著 . -- 北京 : 团结出版社 , 2014.10（2021.1 重印）

ISBN 978-7-5126-2320-0

Ⅰ . ①新… Ⅱ . ①徐… Ⅲ . ①家常菜肴－菜谱 Ⅳ . ① TS972.12

中国版本图书馆 CIP 数据核字 (2013) 第 302505 号

出　　版：团结出版社
（北京市东城区东皇城根南街 84 号　邮编：100006）
电　　话：（010）65228880　65244790（出版社）
（010）65238766　85113874 65133603（发行部）
（010）65133603（邮购）
网　　址：http://www.tjpress.com
E-mail：65244790@163.com（出版社）
fx65133603@163.com（发行部邮购）
经　　销：全国新华书店
排　　版：腾飞文化
图片提供：邴吉和　黄　勇
印　　刷：三河市天润建兴印务有限公司

开　　本：700 × 1000 毫米　1 /16
印　　张：11
印　　数：5000
字　　数：90 千字
版　　次：2014 年 10 月第 1 版
印　　次：2021 年 1 月第 4 次印刷

书　　号：978-7-5126-2320-0
定　　价：45.00 元

前言

俗话说“民以食为天”，食物是人类赖以生存的“能量”提供者，从远古时代赖以充饥的自然谷物到如今人们餐桌上丰盛的、让人垂涎欲滴的美食，一个异彩纷呈、变化多端的美食世界呈现在人们面前，食物在人们的生活中起着非常重要的作用。随着人们生活水平的提高，对于饮食活动，人们已经不再单单追求生理需求的满足，而是更多地追求精神需求的满足，除此之外，人们还要求获得感官上的美感，即对食物的色、香、味、形等方面的要求变得更高。

随着《舌尖上的中国》的热播，更多的人认识到了中华美食文化的博大精深，了解到了中华美食的精致和异彩纷呈。国人对食物的理解永远都不拘一格，总是在不断的尝试中寻求转化的灵感。国人充分发挥想象力，所打造出的风味和对营养的升华令人叹为观止，还形成了一种饮食文化，并得以传承。

我国的烹饪技艺历史悠久、风格独特，是我国劳动人民创造的宝贵文化遗产中的一部分。现代人们在生活日益富足的同时，健康的饮食习惯所承载的内容也越来越丰富。大家对一日三餐也由过去的只求温饱，变为现在对科学饮食、营养搭配的追求。

说到美食，不得不提的就是菜谱，很多菜式如果没有菜谱，就如同巧妇无米，根本做不出来。菜谱对于某些菜式而言，不仅仅是对做法的记录，更重要的是已经成为被保存在岁月中的记忆，让人难以忘怀。

前言

与西方“菜生而鲜，食分而餐”的传统饮食文化相比，中国的菜肴更讲究色、香、味、形、器。而在这一系列意境的追求中，中国的厨师个个都像魔术大师，能把“水火交攻”的把戏玩到炉火纯青的地步，这是几千年来的修炼。我们也在这漫长的过程中经历了煮、蒸、炒三次重要的飞跃，它们的共同本质无非是水火关系的调控，而至今世界上懂得蒸菜和炒菜的民族也仅此一族。本书潜心总结了前人留下的美食菜谱，可以让广大读者的烹饪技术更具专业水准，给您和您的家人带来更多的美食享受。

畜肉类

目录

家禽类

水产类

蔬菜类

目录

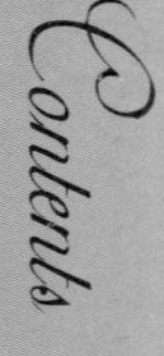

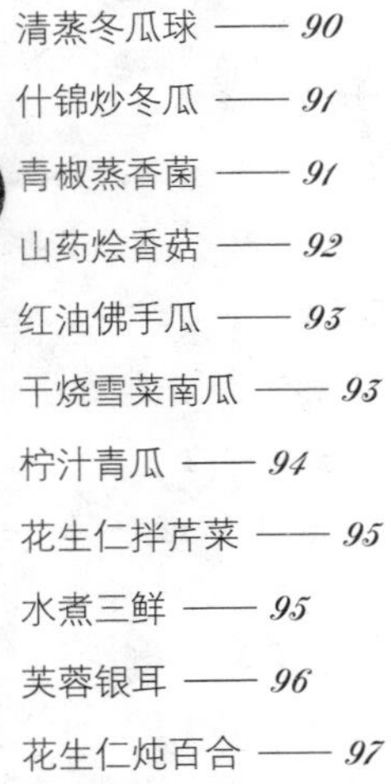

豆蛋类

食类

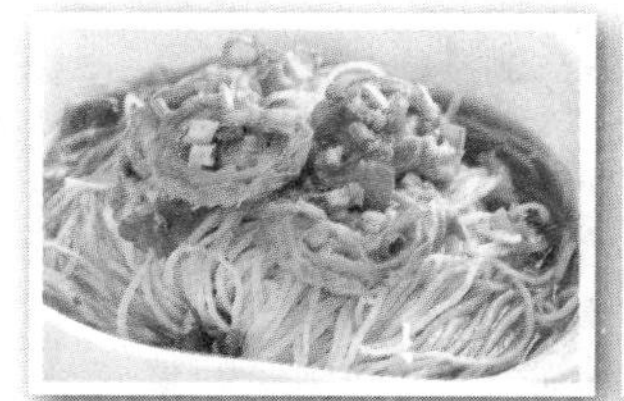

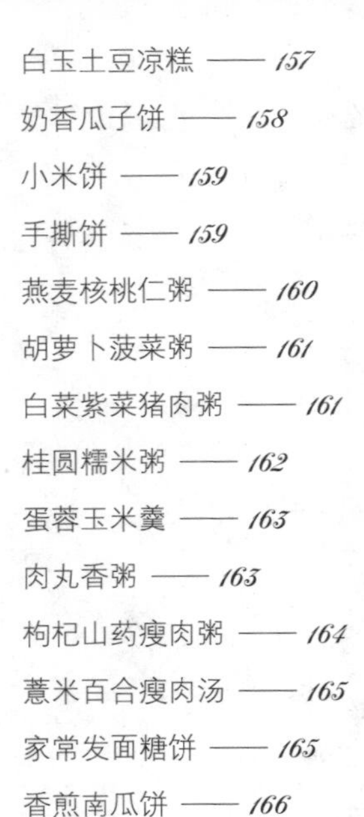

目录

Contents

畜肉类

脆皮牛肉

TIME 30分钟

视觉享受：★★★★★
味觉享受：★★★★
操作难度：★★

主料： 牛肉300克

配料： 面粉、干淀粉、泡打粉各适量，白糖25克，鸡蛋1个，酱油3克，卤水1000克，芝麻油5克，辣椒面少许，盐、植物油、醋各适量

操作步骤

①将卤水、盐、白糖、醋、芝麻油、酱油调成糖醋味汁待用。

②牛肉洗净，焯水后放入卤水中卤熟软，捞出晾凉，切成0.3厘米厚的片。

③面粉、干淀粉、鸡蛋、泡打粉调成浆糊。

④锅内烧植物油至160℃，牛肉片粘裹上浆糊，放入油中炸至外皮酥脆金黄，捞出装盘，撒上辣椒面即可。

操作要领

牛肉宜选择筋络少的腱子肉为好。

营养贴士

牛肉中蛋白质含量高而脂肪含量低，味道鲜美，受人喜爱，享有“肉中骄子”的美称。

视觉享受：★★★ 味觉享受：★★★★ 操作难度：★★

手撕腊牛肉

TIME 30分钟

主料： 农家腊牛肉300克

配料： 红尖椒100克，鲜大蒜50克，植物油150克，盐10克，味精、香油各少许，陈醋20克

操作步骤

①将农家腊牛肉蒸熟，撕成细丝；红尖椒切丝；鲜大蒜切丝。

②锅内放植物油，烧至七成热，下入牛肉丝煸炒，烹入陈醋，出锅待用。

③锅内留油，放入红椒丝、蒜丝和牛肉丝煸炒，调味出锅，装盘即成。

操作要领

将腊牛肉撕成细丝时，先顺着肉的纹理揉几下，使肉变得松散，会更容易撕成细丝。另外，在烹制腊牛肉丝时咸味要适中。

营养贴士

牛肉含有大量的蛋白质、脂肪、维生素B_1、维生素B_2、钙、磷、铁等成分，尤其含人体必需的氨基酸甚多，故营养价值较高。

主料： 牛肉（瘦）400克

配料： 植物油适量，大葱150克，姜末5克，蒜末10克，白砂糖、酱油各20克，盐3克，料酒15克，香油25克

操作步骤

①牛肉去筋，洗净，切成薄片放入碗中，碗内加入酱油、盐、白砂糖、姜末、蒜末、料酒、香油拌匀备用；葱去皮、根，切片备用。

②炒锅上火，放入植物油烧热，放入调好的肉片，煸炒至肉发白，放入葱片，再煸炒至肉熟，至肉和葱汁干，淋入香油即成。

操作要领

牛肉一定要切薄，葱要切成滚刀斜片。

营养贴士

葱煸牛肉具有健胃开脾的功效，非常适合营养不良的儿童与患有糖尿病的人群食用。

视觉享受：★★★ 味觉享受：★★★★ 操作难度：★★

葱煸牛肉

TIME 20分钟

党参牛排汤

TIME 240分钟

视觉享受：★★★★
味觉享受：★★★★
操作难度：★★

主料： 牛排100克

配料： 党参、桂圆肉各20克，姜块、盐各少许

操作步骤

①牛排洗净，切块，入沸水锅中焯透捞出。

②党参、桂圆肉分别洗净备用；姜块切片。

③将上述食材放入锅内，加清水武火煮沸，改文火煲3小时，放适量盐调味即可。

操作要领

一定要及时改文火慢慢煲，汤才入味。

营养贴士

牛排有补中益气、滋养脾胃、强健筋骨、止渴止涎的功效；而党参也具有补中益气、健脾益肺的功效。两者搭配可以补脾补气、生津益气。

视觉享受：★★★★ 味觉享受：★★★★ 操作难度：★★

白辣椒炒脆牛肚

主料： 牛肚250克

配料： 白辣椒100克，红辣椒200克，精盐3克，大料2粒，料酒、香油各20克，葱、姜各5克，植物油、味精、花椒各适量

操作步骤

①姜洗净，一半切成丝，一半切成片；葱切成段；红辣椒洗净切段；白辣椒洗净切成条。

②将牛肚泡洗干净，撕去肚油，用开水汆煮一下捞出，并用净水洗去杂质，置水锅，内加大料、花椒、姜片、葱段，煮开后用小火煨烂，捞出牛肚用凉水泡洗，切成细丝。

③炒锅上火，加入植物油烧热，入姜丝爆香，放入肚丝，烹入料酒，加精盐、味精快速煸炒，再放红辣椒、白辣椒快速煸炒几下，淋香油，出锅盛盘。

操作要领

牛肚一定要煨烂，这样才能更加入味可口。

营养贴士

此菜具有补虚损、益脾胃的功效。

主料： 牛百叶500克

配料： 西芹、松仁、葱白各适量，食盐、醋、味精、植物油、辣椒油各少许

操作步骤

①西芹切段备用；葱白切丝备用；卤好的牛百叶切条备用。

②锅内倒植物油烧至七成热，倒入牛百叶翻炒；加入醋调味。

③倒入切好的西芹继续翻炒几下，加入适量的盐、味精（依个人口感可放入适量辣椒油）调味即可装盘；最后撒上松仁即可。

操作要领

在爆炒牛百叶时，一定要快，否则会影响这道菜的口感。

营养贴士

百叶为牛的瓣胃，俗称牛百叶，富含植物性蛋白质、维生素、碳水化合物及矿物质，营养丰富，有补肠胃、提神的作用，同时具有清心润肺、滋肾养颜的功效。

视觉享受：★★★ 味觉享受：★★★★ 操作难度：★★

热炒百叶

扒烧牛蹄筋

视觉享受：★★★★
味觉享受：★★★★
操作难度：★★★

主料： 牛蹄筋250克

配料： 香菇（鲜）50克，冬笋、金华火腿各75克，鸡汤300克，黄酒250克，盐3克，葱、姜各少许，淀粉15克

操作步骤

①姜切片；葱切段；香菇切片；笋切片；火腿切片；牛蹄筋用淘米水浸泡，变软取出，用清水洗净，放入有竹垫的沙锅内；加姜片15克、葱段25克、黄酒100克，再加清水漫过牛筋，上中火烧沸，换微火焖1小时，取下换水，再上微火焖1小时左右，如此反复3次，焖至软糯时取出。

②将牛蹄筋用刀切成长约4厘米的段，每段一剖两半，放碗中加姜片10克、葱段25克、黄酒150克、鸡汤50克，上笼复蒸1次，取出牛筋待用。

③锅置火上，加入鸡汤250克和香菇片、笋片、火腿片、牛筋和盐，烧沸时，用淀粉加水勾芡收汁，颠勺起锅装盘即可。

操作要领

淀粉勾芡的时候要迅速，以免影响牛蹄筋的口感。

营养贴士

蹄筋中含有丰富的胶原蛋白和生物钙，脂肪含量较肥肉低，并且不含胆固醇，还能增强细胞的生理代谢。

视觉享受：★★★ 味觉享受：★★★★ 操作难度：★★

川酱卤牛腱

TIME 60分钟

主料： 牛腱子肉 2000 克

配料： 冰糖 50 克，生抽 200 克，精盐 25 克，料酒 10 克，葱段 20 克，姜片 15 克，香料包 1 个（内装桂皮、花椒各 10 克，大料、香叶各 5 克，草果 4 颗），大蒜、红辣椒、鸡精、醋各适量

操作步骤

①将牛腱子肉切成大块，放入清水中浸泡，洗净备用；大蒜拍碎，红辣椒洗净切末，放入碗中，放入盐、鸡精、醋调汁备用。

②锅内放清水 4000 克，放入牛腱子肉，加热烧沸，烫透时捞出。

③锅内放入适量清水，加冰糖、生抽、精盐、料酒、葱段、姜片和香料包，烧开后再煮 10 分钟，再将烫好的牛腱子肉放入锅内，用小火煮至酥烂，捞出切片装盘，倒入调好的汁即可。

操作要领

操作过程中，一定要用小火炖，这样才能呈现出牛腱子肉的特别风味。

营养贴士

牛腱子肉有补中益气、滋养脾胃、强健筋骨、止渴止涎的功效，适宜气短体虚、筋骨酸软、贫血久病及面黄目眩的人群食用。

主料： 羊排 500 克，山药 1 根

配料： 胡萝卜、莲子、枸杞、当归、生姜、甘草、山楂、盐、胡椒粉、醋各适量

操作步骤

①羊排洗净，切成块；莲子泡发好，去芯；胡萝卜切片；姜切片；山药去皮切块。

②锅内加水，烧开后放入羊排，焯去血水，去油沫，捞出备用。

③再烧一锅水，水热后放入羊排、山药、胡萝卜、莲子、枸杞、当归、甘草、山楂、姜片，倒入一匙醋。

④大火煮开后转小火，炖 1 小时后加入盐，再炖 15 分钟左右，起锅倒入胡椒粉即可。

操作要领

最后一步一定要用小火，这样才能让羊肉的精华融入汤中。

营养贴士

山药炖羊排含有丰富的营养价值，可作为一道冬季滋补药膳。这道药膳含有人体必需的多种氨基酸、优质蛋白质及多种矿物质、维生素，对胃寒患者具有温中散寒、补脾益气、健胃消食的功效。

视觉享受：★★★ 味觉享受：★★★★ 操作难度：★★

山药炖羊排

TIME 100分钟

地锅羊排

TIME 60分钟

口感享受：★★★★
味觉享受：★★★★
操作难度：★★

主料： 仔羊排600克

配料： 青椒圈、红椒圈、香菜各10克，蒜苗、羊油各40克，小茴香、豆蔻、孜然粉各20克，花椒15克，姜、葱各30克，辣椒面30克，黄酒50克，高汤1500克，盐、味精各适量

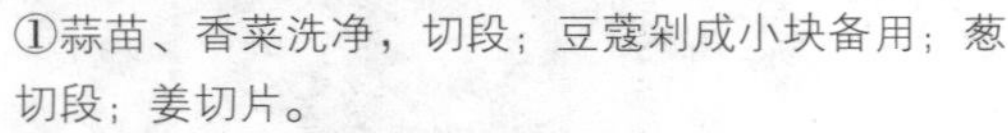

操作步骤

①蒜苗、香菜洗净，切段；豆蔻剁成小块备用；葱切段；姜切片。

②羊油洗净，切成小块，放入干锅内小火慢慢烧化；待羊油完全烧化后放入一半的辣椒面、小茴香、豆蔻、花椒，小火熬5分钟制成调味油待用。

③羊排洗净后斩成小块，放入沸水中大火氽2分钟后取出备用；干锅烧至七成热时放入剩余的小茴香、黄酒、辣椒面、豆蔻、姜片、葱段、羊排和高汤，小火烧30分钟至熟烂待用。

④锅里放入制好的调味油，烧至八成热时放入烧熟的羊排和烧羊排的汤汁、青椒圈、红椒圈、蒜苗、香菜段、孜然粉、盐、味精调味，小火烧2分钟即可。

操作要领

操作过程中一定要注意每个步骤中火候的把握。

营养贴士

羊肉有增强消化、保护胃壁、修复胃黏膜、帮助脾胃消化、延缓衰老的功效。另外，羊肉性温，冬季常吃可以增加人体热量，抵御寒冷。

视觉享受：★★★ 味觉享受：★★★★ 操作难度：★★★

改良牙签肉

TIME 40分钟

主料： 羊腿肉300克

配料： 干辣椒100克，孜然粉、白砂糖、花椒各15克，料酒、酱油各30克，盐、味精各适量，淀粉30克，植物油、白芝麻各少许，蒜末、姜末、葱花各5克

操作步骤

①羊腿肉洗净沥干水分，切片；干辣椒切段。

②将5克花椒加水用中火煮5分钟，制成200克的花椒水，晾凉待用。

③在羊肉片中调入花椒水、孜然粉、淀粉、白砂糖、酱油、盐和料酒，搅拌均匀后再腌渍20分钟；然后将每片羊肉折起并用牙签穿好。

④中火烧植物油至六成热时将牙签肉放入，用大火迅速炸至羊肉断生，捞出控油。

⑤锅中留底油，烧热后放入干辣椒段、剩余的花椒、葱花、姜末和蒜末爆香，随后放入牙签肉和味精翻炒均匀（约2分钟），装盘后撒些白芝麻即可。

操作要领

花椒水这一步必不可少，因为花椒水可以彻底去除羊肉中的腥膻气味。

营养贴士

羊肉虽营养丰富，但属大热之品，有发热、牙病、口舌生疮、咳吐黄痰等上火症状者不宜食用。

主料： 白萝卜、羊肉各适量

配料： 陈皮、香菜、姜、盐、鸡精、胡椒粉各适量

操作步骤

①将羊肉剁成肉馅，加入盐、鸡精搅拌均匀；白萝卜、陈皮、姜均切成丝备用。

②坐锅点火倒入水，待水开后放入萝卜丝烫熟取出放入碗中，汤中加入陈皮、姜，用手将肉馅挤成丸子入锅，熟后将剩余调料倒入碗中，放入香菜即可。

操作要领

挤丸子时要大小均匀，这样做出来才会更加美观。

营养贴士

羊肉性温热，补气滋阴、暖中补虚、开胃健力，在《本草纲目》中被称为补元阳、益血气的温热补品；白萝卜中含有丰富的维生素A、维生素C和钙。

视觉享受：★★★ 味觉享受：★★★★ 操作难度：★★

萝卜煮肉丸

TIME 40分钟

冰糖兔丁

TIME 40分钟

视觉享受：★★★
味觉享受：★★★★
操作难度：★★★

主料： 兔肉 250 克

配料： 冰糖若干块，盐、料酒、姜、葱、香油、菜油各适量

操作步骤

①鲜兔肉洗净，斩成 2.5 厘米见方的肉丁，用盐、料酒、姜、葱腌渍入味。

②将腌渍后的兔丁入七成热的菜油锅中炸至黄色时捞出。

③拣去姜、葱，滗去余油，放入碎冰糖炒成浅糖色，加清水、盐烧开，下兔丁，用中火收汁，起锅淋香油。

④晾凉后再放入少许冰糖即成。

操作要领

斩丁时带骨部位应比净肉略小；兔丁炸制不宜过干。

营养贴士

兔肉属于高蛋白质、低脂肪、低胆固醇的肉类，故它有“荤中之素”的说法。冰糖有生津润肺、清热解毒、止咳化痰、利咽降浊的功效。

视觉享受：★★★★　味觉享受：★★★　操作难度：★★

淮杞炖兔肉汤

TIME 100分钟

菜品特点：汤清宜人　性凉味甘

主料： 兔肉350克

配料： 淮山药、枸杞、桂圆各适量，盐、鸡精、料酒、姜各少许

操作步骤

①将兔肉洗净切成块；姜切片；山药切片。

②坐锅点火倒入水，放入兔肉、姜片、桂圆、淮山药，加入料酒、鸡精调味，炖1小时。

③枸杞用温水泡好，开盖后加入枸杞，改小火再炖30分钟，关火后加盐调味即可。

操作要领

需要把握好每个步骤炖的火候与时间。

营养贴士

这道淮杞炖兔肉汤具有健强脾胃、滋养肝肾、安神补血、补中益气的功效。

主料： 兔肉500克

配料： 炸花生仁15克，盐25克，白砂糖、醋、辣椒油、豆瓣、豆豉、芝麻酱、大蒜、味精、香油各8克，花椒粉、胡椒粉各10克，葱、姜各5克，酱油适量

操作步骤

①葱洗净切段；姜洗净切丝；大蒜捣碎成泥；兔肉用清水洗泡。

②将洗净的兔肉放入锅内，加清水烧开，去浮沫，加姜、葱，转小火上煮熟后捞出晾凉。

③将兔肉去骨，切成1.2厘米见方丁，装入盆内，加盐拌匀，再加入酱油、白糖、醋、胡椒粉、辣椒油、豆瓣、豆豉、芝麻酱、蒜泥、花椒粉、味精、香油、葱段、炸花生仁拌匀即可。

操作要领

花生米最后放，避免影响其酥脆感，吃的时候拌匀即可。

营养贴士

常食兔肉可防止有害物质沉积，让儿童健康成长，助老人延年益寿。

视觉享受：★★★　味觉享受：★★★★　操作难度：★★

豆豉拌兔丁

TIME 60分钟

菜品特点：滑嫩鲜香　营养丰富

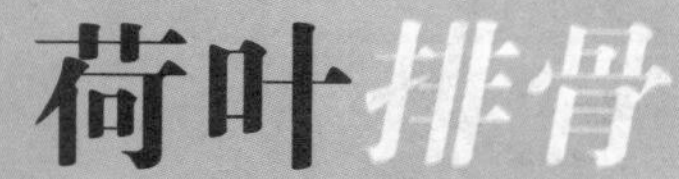

荷叶排骨

主料： 猪小排 370 克

配料： 荷叶 2 大张，蒸肉粉 1 碗，盐、辣豆瓣酱各 15 克，酒 45 克，甜面酱 30 克，白砂糖、花生油各 5 克，酱油、香葱各适量

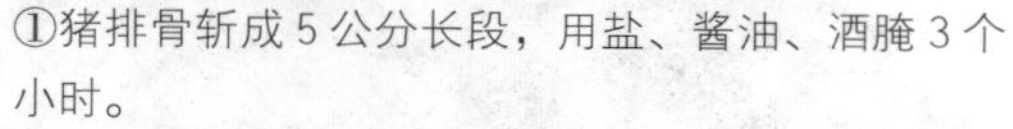

操作步骤

①猪排骨斩成 5 公分长段，用盐、酱油、酒腌 3 个小时。

②荷叶除去硬梗，分成 6 小张，用沸水浸软备用。

③将蒸肉粉、辣豆瓣酱、甜面酱、白砂糖、花生油混合拌匀，再放入腌好的排骨备用。

④ 1 张荷叶包 1 段排骨，包好后置于盘中，入笼用大火蒸 2~3 小时，蒸熟取出摆盘，撒些香葱即可。

操作要领

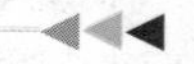

每段排骨都要包上荷叶，才会具有荷叶的清香，摆盘的时候再一一拆开即可。

营养贴士

猪排骨可以提供人体生理活动必需的优质蛋白质、脂肪，尤其是丰富的钙质可维护骨骼健康；而荷叶具有解暑热、清头目、止血的功效。一般人都可食用，尤其适宜于气血不足者。

视觉享受：★★★★ 味觉享受：★★★★ 操作难度：★★

红油蒜香白肉

主料： 猪座臀肉500克

配料： 香葱少许，大蒜适量，红油、红糖各10克，盐2克，冷汤50克，香料3克，酱油、味精各适量

操作步骤

①猪肉洗净，入汤锅煮熟，再用原汤浸泡至温热，捞出沥干水分，切成长约10厘米、宽约5厘米的薄片装盘。

②大蒜捣成茸，加盐、冷汤调成蒜泥，呈稀糊状。

③将酱油、红糖、香料在小火上熬制成浓稠状，加味精即成复制酱油。

④将蒜泥、复制酱油、红油兑成调味汁淋在肉片上；香葱切成葱圈洒在上面即成。

操作要领

猪肉煮好后一定要用原汤浸泡至温热，这样做令口感更佳。

营养贴士

蒜所含的蒜素与肉特别是瘦肉中所含的维生素 B_1 一经结合，就会很容易地通过我们身体内的各种膜，并使它被吸收的效率上升几倍。

主料： 猪肉（肥瘦）500克，百叶250克

配料： 花生油、酱油各60克，盐3克，糖、姜各15克，大料5克，花椒2克，料酒10克，味精少许

操作步骤

①将猪肉洗净，切成约2厘米见方的块；百叶洗净，泡软，打结；姜切片。

②锅架火上，放花生油烧至六七成热，下入肉块煸炒，炒去水分，放入酱油，炒至肉块上色；下料酒、大料、花椒、姜片和适量的水，烧开，撇去沫，改用小火炖1小时左右；至肉半酥，再下百叶结、盐、糖同烧，至肉质软烂，加少许味精调味，出锅盛盘即可。

操作要领

炖肉的时候一定要用小火慢慢炖，否则会影响最后软烂的口感。

营养贴士

猪肉含有丰富的优质蛋白质和人体必需的脂肪酸，并提供血红素（有机铁）和促进铁吸收的半胱氨酸，能改善缺铁性贫血症状。

视觉享受：★★★ 味觉享受：★★★ 操作难度：★★

百叶结炖肉

冬瓜烩羊肉丸

主料： 羊肉300克，冬瓜200克

配料： 清汤500克，鸡蛋清30克，葱末10克，姜末5克，食盐3克，胡椒粉、鸡精各2克，香菜10克，香油少许

操作步骤

①羊肉剁成肉末，加鸡蛋清、葱末、姜末、胡椒粉、食盐、鸡精搅拌均匀。

②冬瓜去皮、瓤，洗净，切小块；香菜洗净，切段。

③锅内加清汤，放入冬瓜后烧开，将拌好的羊肉馅挤成丸子，入锅煮熟，放食盐、鸡精调味，出锅装碗，加入香油、香菜段即可食用。

操作要领

挤丸子时，左手抹一点植物油，抓一把肉馅，手心慢慢合拢，让肉馅从拳眼中挤出，用大拇指掐断，右手接住即可。

营养贴士

羊肉具有补精血、益虚劳、温中健脾、补肾壮阳、养肝等功效。

视觉享受：★★★★ 味觉享受：★★★★ 操作难度：★★

砂锅东坡肉

TIME 90分钟

主料： 五花肉600克

配料： 棉绳240公分，青江菜200克，绍兴酒15克，太白粉水适量，酱油75克，高汤1000克，盐适量，冰糖40克

操作步骤

①五花肉先放入冰箱冷冻至稍硬，再切成方块，用棉绳上下绑好，放入沸水中汆烫去血水后，捞起洗净备用；青江菜放入沸水中汆烫至熟备用。

②热锅，加入少量水，放入冰糖溶解后，加入酱油拌匀，再加入高汤、盐煮至沸腾。

③加入绍兴酒、五花肉块，以小火慢炖至汤汁剩下2/3，再倒入砂锅中，以太白粉水勾芡，再加入青江菜即可。

操作要领

炖时用小火，中途不可加汤。

营养贴士

五花肉含有优质蛋白质，含有的氨基酸不仅全面、数量多，而且比例恰当，接近于人体的蛋白质，容易消化吸收。

主料： 猪肉（瘦）250克，鸡蛋2个

配料： 盐10克，味精5克，淀粉4克，花生油15克

操作步骤

①将猪肉洗净切丝，用少许盐、淀粉拌匀；将鸡蛋打散，和肉丝、盐、味精和在一起，拌匀。

②在炒锅中放花生油并烧热，将肉丝下锅炒熟即可。

操作要领

肉丝加入淀粉拌匀，能让肉质更嫩滑。

营养贴士

鸡蛋中含有丰富的营养物质，是人们的日常食品之一，将其和猪肉搭配起来，营养更加均衡。

视觉享受：★★★★★ 味觉享受：★★★ 操作难度：★★

桂花肉丝

TIME 20分钟

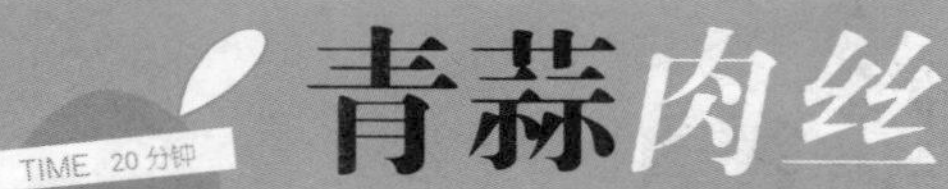

青蒜肉丝

TIME 20分钟

视觉享受：★★★★
味觉享受：★★★★
操作难度：★★

主料： 猪瘦肉200克，青蒜100克

配料： 盐10克，味精5克，料酒8克，淀粉4克，猪油8克

操作步骤

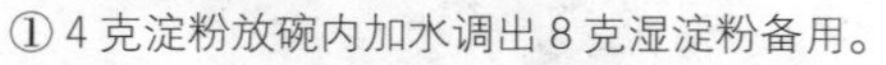

①4克淀粉放碗内加水调出8克湿淀粉备用。

②将猪瘦肉切成3厘米长细丝，加少许盐、湿淀粉拌匀；青蒜洗净，切成3厘米长段。

③料酒、盐、味精、湿淀粉调成汁。

④将炒锅加油烧热，把肉丝放进炒锅内炒散，放青蒜稍炒，烹入调好的汁，翻炒片刻装盘即可。

操作要领

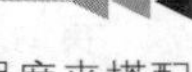

在实际操作过程中，要根据青蒜的辛辣程度来搭配主配料的分量，否则会因为青蒜过辣而影响整道菜的口感。

营养贴士

青蒜中含有蛋白质、胡萝卜素、维生素 B_1、维生素 B_2 等营养成分。它的辣味主要来自于其含有的辣素，这种辣素具有醒脾气、消积食的作用，还有良好的杀菌、抑菌作用。

视觉享受：★★★ 味觉享受：★★★★ 操作难度：★★

干炒猪肉丝

TIME 25分钟

菜品特点 香辣十足

主料： 猪瘦肉 300 克

配料： 芹菜 80 克，菜油 50 克，干辣椒 15 克，辣椒酱 30 克，老姜 15 克，蒜 1 瓣，豆腐干 70 克，盐、酱油、花椒粉各适量

操作步骤

①芹菜切成 5 厘米长的段，用少许盐拌匀，腌 5 分钟，冲水，沥干；豆腐干、猪瘦肉均切成 5 厘米长的丝，肉丝加盐及酱油拌匀。

②炒锅置火上，放入菜油烧至五成热，加干辣椒炒 1 分钟至香味出来铲出。

③待锅内油热至七成，加入辣椒酱、姜（切丝）、蒜（切丝）炒 30 秒后，加入肉丝炒约 6 分钟，加豆腐干炒 5 分钟，加芹菜再炒 2 分钟，加少许酱油炒匀起锅装盘，撒上花椒粉即成。

操作要领

第二步加干辣椒可使该道菜更加鲜辣爽口，喜欢吃辣椒的朋友还可在加豆腐干的同时再将铲出的辣椒放回同炒。

营养贴士

本道菜香辣十足，再加上豆干、芹菜增色添香，在冬天食用，暖胃又暖身。

主料： 猪里脊肉 200 克，青椒 150 克

配料： 鸡蛋清 60 克，香油 5 克，盐 3 克，淀粉少许，味精 2 克，料酒 10 克，花生油适量

操作步骤

① 取少许淀粉加适量水调成水淀粉；猪里脊肉剔去筋膜，切成薄片，放入清水内漂净血水，取出放入碗内，加盐、味精、鸡蛋清、淀粉，拌匀上浆；青椒去蒂、籽，切成与肉片大小相同的片。

②炒锅上火，放入花生油，烧至四成热，下里脊片滑熟，捞出沥油。

③原锅留少许油置火上，下青椒片煸至变色，加料酒、盐和 40 克清水烧沸，用水淀粉勾芡，倒入里脊片，淋香油，盛入盘内即成。

操作要领

因有过油炸制过程，需准备花生油 500 克左右。

营养贴士

青椒能增强机体免疫力，而且能对抗白内障、保护视力，还可以使女性皮肤白皙靓丽。

视觉享受：★★★ 味觉享受：★★★★ 操作难度：★★

青椒里脊

TIME 20分钟

菜品特点 色泽清鲜 鲜嫩不腻

洋葱炒猪肝

TIME 15 分钟

菜品特点
营养丰富
口感绝佳

视觉享受：★★★
味觉享受：★★★★
操作难度：★★

主料： 猪肝 300 克，洋葱 200 克

配料： 辣椒酱 10 克，蒜片、姜片各 5 克，植物油 25 克，生抽、料酒各 15 克，盐、糖、五香粉、鸡精各 2 克

操作步骤

①猪肝洗净、去血污后切薄片，用放有姜片、料酒的沸水煮 1 分钟，捞出洗干净；洋葱切条。

②猪肝用盐、糖、生抽、五香粉、植物油抓匀腌渍 10 分钟。

③放少许植物油，下蒜片、辣椒酱大火爆炒；再放入洋葱继续炒；放入盐、鸡精。

④洋葱变色倒入猪肝，翻炒均匀，稍微煨一下，让腌猪肝的料汁被洋葱吸收。

操作要领

猪肝提前用盐水泡 10 分钟，在水龙头下冲洗干净，浸泡 30 分钟除去血污，以保证菜清爽。

营养贴士

猪肝中铁质丰富，是补血食品中最常用的食物，贫血患者经常食用，不但可开胃，而且可直接补充各种营养素，尤其是铁和蛋白质。

视觉享受：★★★ 味觉享受：★★★★ 操作难度：★★

猪肉焖平菌

TIME 20分钟

主料： 猪后腿坐臀肉150克，平菌300克

配料： 鲜汤100克，盐4克，蒜瓣75克，胡椒粉0.5克，化猪油75克，水芡粉40克，葱花、辣椒圈少许

操作步骤

①猪肉切片，放入碗内，加20克水芡粉、2克盐搅拌均匀，码好芡；蒜瓣去皮；平菌洗净，沥干水，用手撕成大块片。

②锅置旺火上，下入化猪油烧热，放入蒜瓣炒数下，再加入码好芡的肉片炒散，加入鲜汤，下平菌、胡椒粉、盐，加盖焖约4分钟，直至平菌、蒜均软烂，揭盖，放入辣椒圈、葱花，淋入水芡粉勾芡，翻炒均匀，即起锅入盘。

操作要领

平菌本身要出水，焖制时加汤不宜多，用水芡粉勾芡也要少点，否则不清爽。

营养贴士

平菌，又名凤尾菌、平菇，含有抗肿瘤细胞的硒、多糖体等物质，对肿瘤细胞有很强的抑制作用，且具有免疫特性。

主料： 新鲜猪肉300克，干豆角100克

配料： 油、盐、辣椒粉、蚝油各适量，鸡精、青椒圈、红椒圈各少许

操作步骤

①将猪肉切厚片，用盐和蚝油抓匀备用。

②将干豆角用凉水稍泡，然后捞出切成2~3厘米长的段。

③坐锅热油，下干豆角炒至五成熟盛至碗中，撒辣椒粉拌匀，再将猪肉盖到干豆角上，淋适量水。

④将碗放入高压锅隔水蒸30分钟，吃前撒鸡精、青椒圈、红椒圈拌匀即可。

操作要领 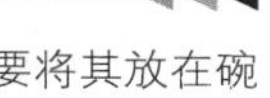

为了使干豆角更好地吸收肉的香味，要将其放在碗底，加水使其更容易蒸发。

营养贴士

因为干菜很容易吸收肉的汤汁和味道，所以这道菜非常美味，非常下饭。

视觉享受：★★★ 味觉享受：★★★★ 操作难度：★★

干豆角蒸肉

TIME 40分钟

葱爆里脊

视觉享受：★★★
味觉享受：★★★★
操作难度：★★

主料： 里脊肉300克

配料： 植物油20克，大葱3根，大蒜4瓣，料酒、酱油、米醋各适量，糖、盐各3克，白胡椒粉5克，味精1克

操作步骤

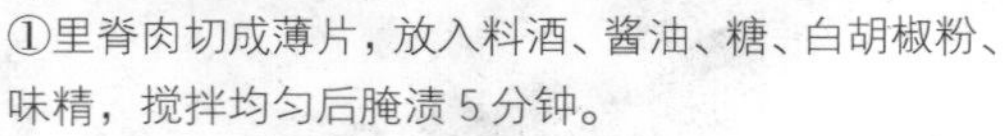

①里脊肉切成薄片，放入料酒、酱油、糖、白胡椒粉、味精，搅拌均匀后腌渍5分钟。

②大葱切片；大蒜切碎。

③炒锅烧热倒入植物油，待油八成热时倒入里脊肉片，快速翻炒至里脊肉变色后，放入葱片翻炒均匀，淋入少许米醋，倒入蒜碎，调入盐稍微翻炒几下即可。

操作要领

建议全用葱白，葱绿色的部分炒出来还是有点硬。

营养贴士

猪里脊肉不仅富含人体生长发育所需的优质蛋白、脂肪、维生素等营养物质，而且肉质较嫩、易消化。

视觉享受：★★★ 味觉享受：★★★★ 操作难度：★★

山椒耳片

TIME 70分钟

菜品特点：酸辣咸鲜 口感独特

主料： 猪耳150克，泡山椒30克

配料： 红甜椒、黄甜椒各10克，花椒10克，米醋25克，盐80克，味精30克，柠檬2片

操作步骤

①将红甜椒、黄甜椒切片，用少许盐腌渍。

②将猪耳切片，放入清水中浸泡1小时，飞水后冲洗、冷却。

③将米醋、泡山椒、盐、味精、花椒调成泡汁，放入红甜椒、黄甜椒和飞好水的猪耳，封口泡24小时后取出装盘，放入柠檬片即可。

操作要领

如果猪耳朵表面的毛清理不干净，可用镊子将其拔干净。

营养贴士

猪耳含有蛋白质、脂肪、碳水化合物、维生素及钙、磷、铁等营养物质，具有补虚损、健脾胃的功效，适于气血虚损、身体瘦弱者食用。

视觉享受：★★★★ 味觉享受：★★★★ 操作难度：★★

炒回锅肉

TIME 15分钟

菜品特点：油润红亮 肥而不腻

主料： 熟五花肉350克

配料： 竹笋、鲜红椒、青蒜各30克，老干妈辣酱20克，酱油15克，精盐1克，鸡精3克，湿淀粉10克，高汤25克，植物油60克

操作步骤

①将熟五花肉、鲜红椒、竹笋均切成片；青蒜斜切成小段。

②锅内放植物油烧热，下入熟五花肉煸炒出油。

③下入竹笋翻炒片刻，放入鲜红椒、老干妈辣酱、酱油、鸡精、高汤炒透，加精盐、青蒜略炒，用湿淀粉勾芡，装盘即成。

操作要领

五花肉要炒透，芡汁不要太浓。

营养贴士

五花肉营养丰富，容易吸收，能起到补充皮肤养分、美容的效果。

胡椒猪肚汤

TIME 150分钟

主料： 猪肚1个

配料： 白胡椒粒15克，盐、蜜枣各适量

操作步骤

①将猪肚切去肥油，用适量盐擦洗一遍，并腌片刻，再用清水冲洗干净，放入热水锅内焯一下。

②将白胡椒粒放入猪肚内，用线缝合，与蜜枣一起放入砂煲内，加适量清水，武火煮沸后，改用文火煲2小时，放入少许盐调味即可。

操作要领

在清洗猪肚的过程当中，用陈醋搓洗，能有效去除异味。

营养贴士

本菜温中健脾、散寒止痛，尤其适合身体羸弱人士、产后妇女和脾胃虚弱、疳积的儿童等食用。

视觉享受：★★★ 味觉享受：★★★ 操作难度：★★

猪肉炒白菜粉

TIME 15分钟

菜品特点：荤素搭配 营养丰富

主料： 猪瘦肉150克，白菜250克，细粉丝100克

配料： 香芹段、红干椒圈各少许，植物油75克，酱油、绍酒、醋、精盐、白糖、味精、胡椒粉各适量，葱丝、姜末、蒜片各少许，香油少许

操作步骤

①猪瘦肉洗净切成丝；白菜洗净切成条；细粉丝剪断泡发，沥净水分备用。

②炒锅上火烧热，加适量植物油，用葱丝、姜末、蒜片、红干椒圈炝锅，下肉丝煸炒至变色，烹绍酒、醋，再下入白菜煸炒，加酱油、白糖、精盐、味精、胡椒粉、粉丝翻炒均匀，撒香芹段，淋香油，出锅装盘即可。

操作要领

肉、白菜、粉丝放入的先后顺序不能乱。

营养贴士

白菜中含有丰富的铁、钾、维生素A和粗纤维，被称为“菜中之王”。

主料： 猪肉400克

配料： 干辣椒200克，花椒10克，汤100克，酱油30克，菜油300克（实耗5克），葱段、姜各适量，白糖、绍酒各20克，盐2克

操作步骤

①把瘦猪肉洗净，切成2厘米的方丁，用盐、绍酒、葱段、姜（拍松）、酱油与肉丁拌匀，腌渍15分钟；干辣椒去蒂去籽切成辣椒圈。

②炒锅内放菜油烧至八成热，将肉丁放入炸约4分钟捞起。

③锅内留少许菜油，放入干辣椒、花椒、葱段、姜爆香，把肉丁倒入，加少许白糖煸炒，添汤烧开入味，大火收汁即可。

操作要领

炸肉丁时不要把肉丁炸得过干，因为之后还要煸炒，炸得过干会影响肉质的细嫩。

营养贴士

这道花椒肉以麻为主，辅以微辣，干香爽口，营养丰富，是佐酒的佳物。

视觉享受：★★★ 味觉享受：★★★★ 操作难度：★★

花椒肉

TIME 30分钟

菜品特点：颜色金红 麻辣鲜香

TIME 20分钟

菜品特点

香辣爽口

主料： 猪大肠250克，红辣椒2个，蒜苗25克

配料： 生姜1小块，大蒜10瓣，香油、酱油各5克，胡椒粉、味精各2克，植物油、高汤各适量，料酒20克，盐3克，蚝油少许

操作步骤

①猪大肠洗净，放入沸水中，用中火煮至八成熟，捞起切段；生姜切片；红辣椒、蒜苗洗净切斜段；大蒜洗净拍散。

②锅内放植物油烧热，放入姜、大蒜爆香，放入猪大肠，烹入料酒，倒入高汤煮开，调入盐、味精、蚝油、酱油。

③用小火煨至大肠酥烂时下红辣椒、蒜苗，煮片刻，撒入胡椒粉，淋入香油即可。

操作要领

清洗猪大肠的时候，要在水中加些精盐和白醋进行清洗，否则很可能有异味，影响最终口感。

营养贴士

此菜具有开胃、消食的功效。

视觉享受：★★★ 味觉享受：★★★★ 操作难度：★★

麻辣猪肝

TIME 15分钟

菜品特点 微辣爽口

主料： 猪肝200克

配料： 盐、酱油各3克，醋5克，辣椒油、香油、葱、姜各适量，八角、花椒各少许

操作步骤

①猪肝洗净；葱一部分切成5厘米长的葱段，另一部分切成葱花；姜切片。

②锅内放水烧开，放入猪肝，再加入八角、花椒、葱段、姜片，煮至猪肝熟透。

③将煮好的猪肝放凉、切片，摆在盘子中；将酱油、香油、辣椒油、醋、盐拌匀，浇在猪肝上，撒点葱花即可。

操作要领

猪肝一定要完全煮熟。

营养贴士

此菜具有补血明目、益智健脑的功效。

主料： 猪前肘500克

配料： 葱段、姜片、花椒、大料各少许，精盐、料酒、鲜汤各适量

操作步骤

①将肘子放在凉水盆内刮净，在开水锅内煮至七成熟捞出。

②将肘子皮朝下放在案板上，用菜刀在肘子上划几刀，但不要切断，将肘子皮朝下放在碗内，加入精盐、料酒、鲜汤、葱段、姜片、花椒、大料，上笼用武火蒸烂，取出去掉葱、姜、花椒、大料即可，取出放入汤盘内。

操作要领

在蒸之前，用刀在肘子上划几刀有助于肘子入味。

营养贴士

本菜具有健脾滋胃、滋颜美容的功效，适用于秋燥、胃阴不足所致的神疲乏力、面黄肌瘦、食欲不振、体虚气短、皮肤松弛、老化、色斑等。

视觉享受：★★★ 味觉享受：★★★ 操作难度：★★

清蒸肘子

TIME 30分钟

菜品特点 汤清肉嫩 肥而不腻

锅包肉

视觉享受：★★★★
味觉享受：★★★★
操作难度：★★

主料： 猪底板肉250克

配料： 干淀粉60克，鸡蛋1个，酱油8克，精盐2克，白糖45克，醋75克，味精3克，葱、姜、蒜各15克，西芹、胡萝卜各少许，香油5克，植物油、鲜汤各适量

操作步骤

①猪肉切成厚约0.5厘米的大片，装进碗里，用干淀粉、鸡蛋和少量水抓匀。

②酱油、精盐、醋、白糖、味精和少许鲜汤兑成汁；葱、姜、蒜切丝；西芹切成段；胡萝卜切成细条状。

③锅里放植物油烧热，把挂好蛋粉糊的肉片逐片下锅，炸成金黄色捞出，控油再入油锅炸一遍，捞出备用；锅中留底油，放葱丝、姜丝、蒜丝和炸好的猪肉，放入西芹、胡萝卜翻炒，烹入兑好的汁，淋香油，出锅即可食用。

操作要领

锅包肉讲究酸甜可口，以酸为主，以甜为辅，最好是用浓度在30°左右的米醋，不要兑水，切忌用老陈醋。

营养贴士

锅包肉这道菜当中含有人体所必需的优质蛋白质和脂肪酸，还含有能够促进铁吸收的半胱氨酸，能改善缺铁性贫血患者的健康状况。

土豆片炒肉

主料： 猪肉150克，土豆100克

配料： 青椒、红椒各15克，野山椒2个，植物油、盐、酱油、姜末、蒜末、味精各适量

操作步骤

①将猪肉洗净焯水切片；土豆去皮洗净切成片焯水；青椒、红椒、野山椒切好备用。

②锅中放植物油，烧至五成热，下姜末、蒜末，翻炒均匀，放入野山椒，炒出辣味。

③下猪肉，炒至七成熟时下土豆片、青椒、红椒，翻炒片刻，放盐和酱油，起锅前放入味精翻炒均匀即可。

操作要领

土豆片一定要控干水分，炒时火要大，动作要快，这样炒出来的土豆片才好吃。

营养贴士

此菜具有抗衰老的功效。

主料： 莲藕400克，猪肉（肥瘦）200克

配料： 青、红椒各少许，植物油、白醋、盐、酱油、辣椒油各适量

操作步骤

①莲藕去皮切片，清水里滴两滴白醋，将莲藕片泡入；猪肉切片；青、红椒切圈备用。

②莲藕在沸水里焯至断生，捞出沥干水分；锅内放一点植物油，放肥肉小火翻炒。

③待肥肉炒至微黄，加入瘦肉翻炒，加适量盐，待猪肉变色，放入莲藕，加入青、红椒圈，翻炒至青、红椒断生，加适量盐、酱油、辣椒油调味即可。

操作要领

为防止藕变成褐色，可把去皮后的藕放在加入少许醋的清水中浸泡5分钟。

营养贴士

莲藕含有多种维生素和矿物质，具有清热解暑、排毒养颜、美容祛痘的功效。另外莲藕含铁量较高，故此道菜对缺铁性贫血的病人颇为适宜。

肉炒藕片

豆豉辣酱炒腰花

TIME 30分钟

主料： 腰花2个

配料： 老干妈豆豉辣酱15克，料酒、植物油各适量，姜片、蒜末、姜末、干辣椒、盐、葱各适量

操作步骤

①腰花切两瓣，去掉里面的白膜，然后放清水中浸泡出血水。

②泡好的腰花切十字花刀，切好备用；葱、干辣椒均切成段。

③锅中放水烧开，加入姜片和料酒，下腰花烫至变色后捞出备用。

④锅中热植物油，爆香姜末、蒜末、葱段，下入干辣椒段煸香，再加入料酒、腰花同炒，加入老干妈豆豉辣酱炒匀，起锅前加入盐调味即可。

操作要领

用清水浸泡腰花时，期间多换两次水，确保腰臊去净。

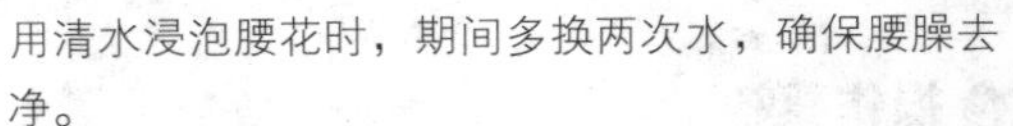

营养贴士

猪腰含有蛋白质、脂肪、碳水化合物、钙、磷、铁和维生素等营养物质，有健肾补腰和肾理气的功效，可用于治疗肾虚腰痛、水肿、耳聋等症。

家禽类

一品酸辣鸡

视觉享受：★★★
味觉享受：★★★★
操作难度：★★

主料： 三黄鸡1只（约750克）

配料： 小米辣椒50克，精盐4克，白酒10克，味精少许，香葱5克，红辣椒10克，姜适量，植物油少许

操作步骤

①将三黄鸡洗净，斩成3厘米见方的块；将鸡胗切菊花形；鸡肠用剪刀剪开，洗干净后切段；鸡心、肝切厚片；老姜去皮切片；香葱切段；红辣椒切圈。

②将鸡杂放入沸水锅内焯水后过凉，沥干备用。

③锅内放底油，烧至六成热时，下姜片爆香，倒入鸡块，烹入白酒，炒干水分，加入500克清水、小米辣椒，旺火烧开，转用小火煨至鸡肉软烂，加入鸡杂、红辣椒圈、精盐、味精调好味，撒香葱段上桌即可。

操作要领

汤烧开后一定要用小火煨制，这样才能使肉块更加鲜嫩可口。

营养贴士

三黄鸡肉里弹性结缔组织极少，易被人体的消化器官所吸收，有增强体力、强壮身体的作用。

猴头菇三黄鸡煲

主料： 三黄鸡350克，猴头菇100克

配料： 枸杞、陈皮各少许，姜10克，盐5克，鸡精3克，胡椒粉少许

操作步骤

①三黄鸡洗净汆水；猴头菇洗净备用；枸杞、陈皮洗净；姜切片备用。

②净锅上火，放入清水、三黄鸡、姜片、枸杞、陈皮、猴头菇，大火烧开转小火炖45分钟，放入盐、鸡精、胡椒粉调味即成。

操作要领

在烹制前，猴头菇泡发了要先放在容器内，加入姜、葱、料酒、高汤等上笼蒸或煮制，这样做可以中和猴头菇本身带有的一部分苦味，然后再进行烹制。

营养贴士

猴头菇有增进食欲、增强胃黏膜屏障机能，并能提高淋巴细胞转化率。故可以提高人体对疾病的免疫能力。猴头菇还是良好的滋补食品，对神经衰弱、消化道溃疡有良好疗效。

主料： 仔鸡1只

配料： 青、红辣椒若干，姜、蒜、植物油、盐、酱油、生抽、香油、花生米各适量

操作步骤

①处理干净的仔鸡斩成大小合适的块，凉水入锅焯去血水，捞出来用流水冲干净浮沫，上锅大火蒸15分钟；把辣椒切段；姜切丝；蒜剥皮拍碎。

②锅热植物油，烧至六成热，放入蒸好的鸡块翻炒片刻，放入辣椒、姜和蒜继续翻炒。

③放盐、酱油和少许生抽调味，翻炒均匀后，倒入之前蒸鸡时留下来的汤水焖1分钟。

④移至干锅，撒上花生米，淋上香油即可。

操作要领

鸡蒸过后，锅里会有些汤水，别倒进炒锅内，留着备用。

营养贴士

鸡肉性温，多食容易生热动风，因此不宜过食。

干锅辣子鸡

粉蒸嫩鸡

TIME 180分钟

视觉享受：★★★
味觉享受：★★★★
操作难度：★★

主料： 鸡肉400克

配料： 米粉50克，江米酒25克，葱、姜、蒜各适量，酱油15克，盐4克，胡椒粉、味精各1克，高汤200克

操作步骤

①将鸡肉洗净，用刀面把肉拍松，切成块；葱、蒜切碎；姜切成丝。

②鸡肉块装在碗内，加上江米酒、姜丝、葱末、蒜末、盐、酱油、胡椒粉、味精拌匀，腌2个小时。

③取大蒸碗一个，用米粉垫底，将腌好的鸡肉块（连汁）放入，再加入高汤，入屉，架在水锅上用旺火、沸水、足气蒸1个小时；蒸至酥熟，取出即可。

操作要领

为了使鸡肉更好地入味，腌的时间一定要久一点。

营养贴士

这道菜品有助于补虚养身调理、气血双补调理、术后调理、营养不良调理等。

视觉享受：★★★ 味觉享受：★★★ 操作难度：★★

干锅茶树鸡

TIME 30分钟

菜品特点

香辣可口

主料： 鸡1只

配料： 植物油、香芹、茶树菇、料酒、姜片、蒜片、香辣酱、盐、白糖、葱花、香油各适量

操作步骤

①茶树菇泡发备用；鸡肉斩块，氽水捞出，沥干水分；香芹洗净切段。

②锅内放植物油，烧至六成熟，放入姜片、蒜片、葱花爆香，放入鸡块，翻炒，变色后，加入一点香辣酱、料酒和茶树菇继续翻炒。

③加一点水，小火慢炖20分钟左右，加入香芹，大火收汁，加入盐、白糖调味，最后淋入香油即可。

操作要领

鸡肉很容易熟，因此炖之前不必加太多水。

营养贴士

茶树菇含有人体所需的18种氨基酸，特别是含有人体不能合成的8种氨基酸、葡聚糖、菌蛋白、碳水化合物等营养成分，其菇柄脆嫩爽口，味道清香。

主料： 嫩鸡肉300克，青辣椒75克

配料： 姜10克，鸡蛋1个，料酒15克，精盐、鸡精各3克，淀粉25克，油60克

操作步骤

①将鸡肉切成丁；青辣椒切成略小的丁；姜切成片。

②将鸡丁用料酒、精盐腌渍入味，再用蛋清及淀粉拌匀上浆。

③锅内放油，下入姜片、鸡丁炒散至熟，放入青辣椒丁、精盐、鸡精炒熟，用淀粉勾芡，装盘即成。

操作要领

鸡丁上浆要匀，滑炒时要用小火。

营养贴士

辣椒强烈的香辣味能刺激唾液和胃液的分泌，增加食欲，促进肠道蠕动，帮助消化。

视觉享受：★★★ 味觉享受：★★★ 操作难度：★★

青辣子炒鸡丁

TIME 15分钟

菜品特点

滑嫩清鲜
香辣可口

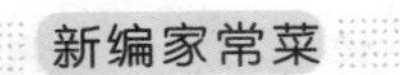

锅烧鸡

主料： 鸡1只

配料： 淀粉、面粉各25克，鸡蛋1个，精盐4克，葱、姜片各10克，八角、花椒各5克，花生油600克（实耗油100克），酱油、鲜汤各少许

操作步骤

①把洗净的鸡放入盘中，加入酱油、精盐，葱、姜、花椒、八角放上边，加鲜汤一勺，上笼蒸3分钟；将蒸软的鸡肉去掉骨头，分成大小相同的块儿（直径为6厘米左右）备用。

②将面粉和淀粉放入容器中，打入鸡蛋搅拌均匀，慢慢加入水，调成黏稠的面糊，把调好的面糊均匀地抹在鸡肉的一面，另一侧不用涂抹。

③锅中倒入花生油，大火加热，待油七成热时，放入鸡肉块儿，用中小火炸4~6分钟，呈金黄色时捞出，把炸好的鸡肉趁热切成小块装盘。

操作要领

以葱丝、萝卜条、甜面酱佐食，风味尤佳，或者盛盘时在一侧放上椒盐或番茄沙司蘸食。

营养贴士

这道菜富含优质蛋白质、脂肪、维生素及多种矿物质，有益肾、养胃、强筋、滋阴、养血等功效。

视觉享受：★★★ 味觉享受：★★★ 操作难度：★★

红油麻香鸡

TIME 45分钟

菜品特点：麻辣爽口

主料： 嫩鸡大腿1只

配料： 熟芝麻、花椒各15克，盐、糖、香醋、生抽、麻油各适量，色拉油或菜籽油150克，干辣椒碎50克，葱花、姜片、白芝麻各少许

操作步骤

①煮锅里放入鸡腿，加1500克清水和姜、花椒，大火烧开后中火煮5分钟，关火加盖焖20分钟，取出后立即放入大盆清洁的凉水里，最好再加些冰块，浸泡10分钟，捞出沥干水分，切块。

②把花椒、干辣椒碎放入锅内，用小火慢熬至呈暗色，用网筛沥出红油。

③取5大勺红油，加入所有调味料和熟芝麻，制成红油酱料，直接浇入鸡块中，撒点葱花及白芝麻即可。

操作要领

熬制红油时一定要用小火慢慢熬，不可熬焦。

营养贴士

鸡腿肉蛋白质的含量较高、种类多，而且消化率高，很容易被人体吸收利用，有增强体力、强壮身体的作用。

视觉享受：★★★ 味觉享受：★★★ 操作难度：★★

铁观音炖鸡翅

TIME 90分钟

菜品特点：汤鲜肉美

主料： 鸡翅5个

配料： 铁观音20克，花生油、姜片、葱段、蒜末、盐、酱油、白糖各适量

操作步骤

①锅里放水，待水开后，放入铁观音，煮成茶汤。

②把鸡翅放入锅里，先用大火烧开，加入姜片与适量的盐，然后转小火炖至肉质酥烂，连汤带鸡翅一起盛出。

③炒锅里加花生油，放葱段、蒜末炒香，放少许酱油，加2勺炖鸡翅的茶汤，加少许白糖调味，淋到鸡翅上即可。

操作要领

炖的时候一定要用小火慢炖，才能保证肉嫩汤美。

营养贴士

铁观音是珍贵的茶叶，具有很好的健身、美容、保健的功能，鸡翅当中含有丰富的骨胶原蛋白，具有强化血管、肌肉、肌腱的功能，两者结合有着益气补虚、清心利尿的功效。

酥炸鸡块

主料： 鸡腿3个

配料： 植物油、盐、孜然粉、料酒各适量，炸鸡粉1袋

操作步骤

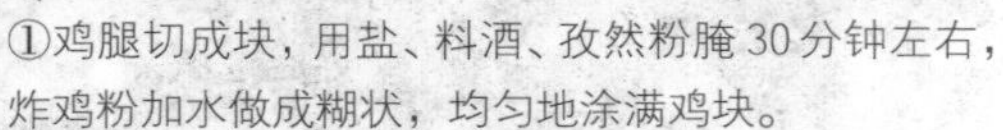

①鸡腿切成块，用盐、料酒、孜然粉腌30分钟左右，炸鸡粉加水做成糊状，均匀地涂满鸡块。

②锅至火上，倒入植物油，烧至七成熟时（把筷子放在油里，看周围起泡了就差不多了）下鸡块，用小火炸到金黄出香味捞出。

③开大火至油滚，再次放入鸡块，炸熟捞出，即可。

操作要领

炸鸡的方法多种多样，用炸鸡粉是比较简单的。

营养贴士

鸡肉是磷、铁、铜与锌的良好来源，并且富含维生素B_{12}、维生素B_6、维生素A、维生素D、维生素K等。

蒜茸姜炖鸡腿

主料： 鸡腿适量

配料： 洋葱1个，姜20克，桂圆少许，蒜茸辣酱、淀粉、料酒各适量

操作步骤

①把鸡腿用开水烫过，洗净；洋葱切丝；姜切片。

②除了淀粉，将所有的材料放进锅里，开中高火，炖45分钟，然后收汁。

③在淀粉中加点水，调成水淀粉，收汁至差不多时加入水淀粉搅匀，使酱汁变黏稠，翻动，让鸡腿上尽量裹上酱汁，出锅分装。

操作要领

炖的时候依个人口味可适当加点糖，姜的多少也可依个人口味做适当增减。

营养贴士

生姜味辛性温，可以防治风寒、化痰止咳，又能温中止呕、解毒，临床上常用于治疗外感风寒及胃寒呕逆等症。

主料： 鸡爪750克

配料： 姜块、葱段各20克，蚝油、酱油各30克，陈皮、大料各15克，花椒、香油各10克，料酒25克，盐3克，胡椒粉5克，高汤、淀粉、植物油各适量

操作步骤

①将鸡爪收拾干净，斩去趾尖，用酱油拌匀，将鸡爪用沸水焯熟，捞出。

②将炒锅用旺火烧热，下植物油，烧至七成热，放入鸡爪，炸至红色捞出。

③在容器内放入鸡爪、姜块、葱、盐、料酒、酱油、大料、陈皮、花椒，放入高汤，使没过鸡爪即可，用旺火蒸至鸡爪软烂，捞出鸡爪。

④中火烧热炒锅，下植物油，淋料酒，下鸡爪、蚝油、酱油、胡椒粉，焖2分钟；用淀粉勾芡，加香油，炒匀出锅即可。

操作要领

蒸鸡爪时，下料和汤时以没过鸡爪为度。

营养贴士

鸡爪含有丰富的钙质及胶原蛋白，多吃不但能软化血管，同时兼具美容功效。

视觉享受：★★★ 味觉享受：★★★★ 操作难度：★★

蚝油鸡爪

TIME 30分钟

菜品特点

鸡爪红亮 风味独特

冬笋炒鸡

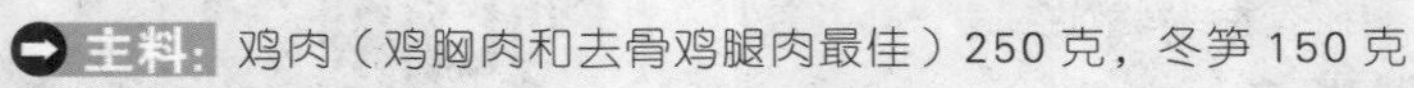

主料： 鸡肉（鸡胸肉和去骨鸡腿肉最佳）250 克，冬笋 150 克

配料： 植物油、葱末、姜末、蒜末、红辣椒、老干妈油辣椒、酱油、五香粉、白胡椒粉、糖、盐各适量

操作步骤

①把鸡肉切小块，然后放入老干妈油辣椒、五香粉、酱油、少量白胡椒粉和糖抓匀，腌渍 30 分钟备用；红辣椒洗净，切成 1 厘米宽的辣椒圈。

②把冬笋切片，然后放入滚水中焯熟，水里要放入适量的盐。

③锅中放植物油，然后放入葱末、姜末、蒜末、红辣椒圈爆出香味，放入腌好的鸡肉，将鸡肉炒至八成熟的时候，放入处理好的冬笋片翻炒，最后放入一大勺老干妈油辣椒炒匀即可。

操作要领

因为冬笋炒制不容易入味，所以我们要在焯冬笋的水里放入适量的盐。

营养贴士

冬笋是一种富有营养价值并具有医药功能的美味食品，质嫩味鲜，清脆爽口，含有丰富的蛋白质和多种氨基酸、维生素以及多种矿物质。

主料： 鸡脖若干

配料： 大枣、柠檬、姜片、蒜、盐、红糖、白酒各适量

操作步骤

①将鸡脖洗净放入热水锅中，加姜片、蒜，中火焯8~10分钟取出备用。

②将焯好的鸡脖放入炒锅中，小火煸至微黄出油，加入红糖翻炒均匀，加入适量水没过鸡脖，放入姜片、盐、大枣，小火炖10~15分钟，开锅后倒入白酒、挤少许柠檬汁即可装盘，可放入一片柠檬作为花饰。

操作要领

鸡脖在煸炒和炖的时候都要用小火，这样才能使调料的味道更好地进入鸡脖内。

营养贴士

鸡脖富含维生素E、蛋白质、钠等，具有护心、健脑、明目、壮骨的作用，可以提高免疫力，有益于心血管。

主料： 鸭血适量

配料： 姜末、蒜末、葱花、盐、醋、辣椒油、花椒粉、酱油各适量

操作步骤

①鸭血洗净，切成见方小丁。

②将鸭血丁下入沸水锅中汆烫片刻，熟透后捞出沥干，放入碗中备用。

③将盐、醋、姜末、蒜末、葱花、辣椒油、酱油、花椒粉放入碗内调成麻辣味汁。

④食用时将味汁倒入鸭血中拌匀装入盘，撒上葱花即可。

操作要领

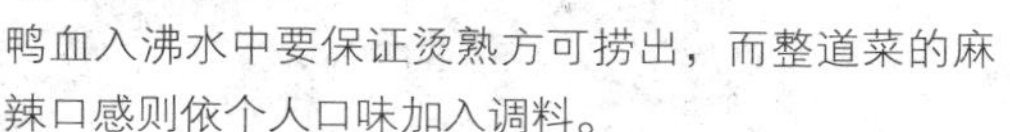

鸭血入沸水中要保证烫熟方可捞出，而整道菜的麻辣口感则依个人口味加入调料。

营养贴士

鸭血味咸、性寒，富含铁、钙等各种矿物质，营养丰富，有补血解毒的功效。

辣妹子光棍鸭

TIME 35分钟

菜品特点

主料： 鸭腿肉、红彩椒、黄彩椒、绿彩椒各适量

配料： 植物油、葱段、蒜片、盐、生粉、鸡精各适量，糖少许

操作步骤

①鸭腿肉用水冲洗干净，切成小块，加入盐、生粉、少许糖，用手抓匀后加入少许植物油，再次抓匀，腌渍15~20分钟。

②把锅烧热后倒入植物油，放葱段、蒜片爆香，下入腌好的鸭块翻炒。

③鸭块炒至颜色发白后倒入切好的彩椒片，翻炒1分钟，加入适量的盐、鸡精，翻炒均匀即可。

操作要领

鸭腿肉腌渍的时候一定要抓匀，时间要控制好，使其均匀入味。

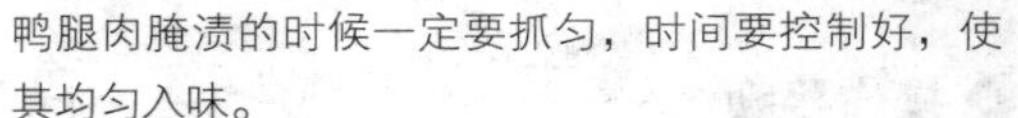

营养贴士

鸭肉营养丰富，而且由于鸭属水禽，还具有滋阴养胃、健脾补虚、利湿的作用，特别适宜夏秋季节食用，既能补充过度消耗的营养，又可祛除暑热给人体带来的不适。

荷香一品鸭

主料： 鸭肉 500 克

配料： 梅干菜 50 克，葱、姜各 5 克，料酒、酱油、香油各 10 克，盐 5 克，味精 2 克，胡椒粉 3 克，植物油、鲜汤各适量

操作步骤

①梅干菜切段，放清水锅中略煮后捞出，清洗干净；鸭肉切块。

②锅内放植物油，下葱、姜爆香，放入鸭块，烹入料酒，加入酱油、梅干菜翻炒，加适量鲜汤，用盐、味精、胡椒粉调味，大火烧开后改小火烧 15 分钟盛出。

③将鸭块包在荷叶中，放入蒸笼蒸 3~5 分钟，装盘，加上装饰即可上桌。

操作要领

荷叶要选用无孔的，以免包裹鸭块后汤汁漏出，影响口味。

营养贴士

鸭肉营养丰富，有滋阴养胃、利尿消肿的作用；梅干菜中胡萝卜素和镁的含量丰富，可开胃下气、益血生津、补虚劳，与鸭肉搭配使用，健康价值极高。

主料： 老鸭 200 克

配料： 冬虫夏草 6 克，红枣若干，料酒、姜片、葱白、胡椒粉、食盐各适量

操作步骤

①将老鸭去骨切块，加水、料酒、姜片、葱白、胡椒粉、食盐同煮。

②待老鸭炖烂时，放冬虫夏草、红枣，用小火煨 30 分钟后即成。

操作要领

根据不同的营养需要，可以用有药用价值的麦冬、川贝来代替红枣。

营养贴士

此膳功效为滋肾止喘、益肺养阳、补气血。适用于老年人体弱贫血、易受风寒、感冒及肺阴虚喘咳、腰酸腿软者食用。

冬虫夏草炖老鸭

清汤柴把鸭

视觉享受：★★★
味觉享受：★★★
操作难度：★★

TIME 60分钟

主料： 鲜鸭肉1000克

配料： 葱段、鸡油各5克，熟火腿、水发玉兰片、水发大香菇各75克，水发笋50克，胡椒粉、味精、精盐各少许，鸡清汤500克，熟猪油25克

操作步骤

①将鲜鸭肉煮熟，剔去粗细骨，切成5厘米长、0.7厘米见方的条；水发大香菇去蒂洗净，与熟火腿、玉兰片均切成5厘米长、0.3厘米见方的丝；水发笋切成粗丝。

②取鸭条4根，火腿、玉兰片、香菇丝各2根，共计10根；用笋丝从中间缚紧，捆成小柴把形状，共捆24把，整齐码入瓦钵内；加入熟猪油、精盐、鸡清汤250克，再加入剔出的鸭骨，入笼蒸40分钟取出，去掉鸭骨，原汤滗入炒锅，把捆好的菜翻扣在大汤碗里。

③在盛鸭原汤的炒锅内，加入鸡清汤250克烧开，撇去泡沫，放入精盐、味精、葱段，倒在大汤碗里，撒上胡椒粉，淋入鸡油，捞出盛盘，并放入适量汤汁即成。

操作要领

蒸制柴把鸭，要大火蒸约40分钟，以软烂为佳。

营养贴士

本品清淡少油，食材营养流失较少，是非常适宜减肥期间食用的菜肴类别。

视觉享受：★★★★ 味觉享受：★★★ 操作难度：★★

黑椒鸭丁

TIME 60分钟

菜品特点 色泽鲜亮

主料： 鸭腿两只（也可以用整只鸭）

配料： 植物油、彩椒（可根据自己的喜好加适量洋葱）、姜丝、老抽、料酒、黑胡椒粉、盐、鸡粉、鸡精、胡椒粉、姜粉、辣椒粉各适量

操作步骤

①鸭肉切丁，用料酒、老抽、盐、鸡粉、胡椒粉、姜粉、辣椒粉、姜丝腌渍20分钟；彩椒切块备用。

②炒锅放适量植物油烧热，将鸭块倒入炒匀；炒至表面金黄，加1勺料酒，炒匀后，放1小勺黑胡椒粉炒匀；加水没过鸭块，大火烧开转小火烧20分钟。

③汤汁开始变浓稠时，大火收汁；收到汤汁比较浓时，将彩椒倒入翻炒，再放1小勺黑胡椒炒匀；临出锅再放少许盐和鸡精，炒匀出锅即可。

操作要领

临出锅要再放少许盐和鸡精，不然的话彩椒会很淡。

营养贴士

彩椒中含丰富的维生素A、维生素C、纤维质、钙、磷、铁等营养元素，具有温中、散热、消食等作用。

视觉享受：★★ 味觉享受：★★★ 操作难度：★★

酥炸麻雀

TIME 150分钟

菜品特点 五香酥脆

主料： 麻雀500克

配料： 盐12克，糖、醋、姜各10克，葱15克，料酒25克，香料（八角、桂皮、甘草、草果、丁香各2克），沙姜5克，植物油适量

操作步骤

①将麻雀洗净，用姜、葱、料酒腌渍2小时；黄瓜切丝，用糖、醋腌渍。

②将麻雀放入沸水中氽制，放入由盐和香料配制的卤水锅中，文火卤制约15分钟后捞出。

③锅中下植物油，六成热时下麻雀，炸至外皮香酥时捞出，摆于盘中即成。

操作要领

麻雀码料要彻底，否则口味不鲜香；氽制时应迅速，以使麻雀外型美观、表皮紧脆。

营养贴士

麻雀肉含有蛋白质、脂肪、胆固醇、碳水化合物、钙、锌、磷、铁等多种营养成分，还含有维生素B_1、B_2，能补充人体的营养所需，特别适合中老年人。

香酒洋葱焖鸭

视觉享受：★★
味觉享受：★★★
操作难度：★★

主料： 光鸭500克

配料： 啤酒500克，洋葱100克，姜片20克，八角、陈皮各少许，盐、糖、鸡汤、米酒、蚝油、花生油各适量

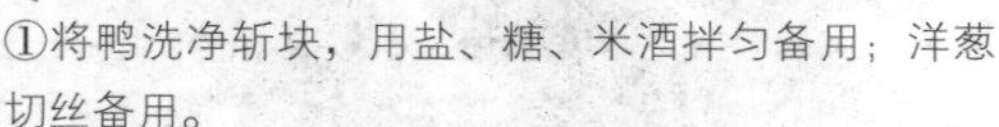

操作步骤

①将鸭洗净斩块，用盐、糖、米酒拌匀备用；洋葱切丝备用。

②开锅下花生油，爆香姜片，放入鸭块大火翻炒至上色，加入洋葱继续翻炒片刻。

③下适量鸡汤和啤酒、八角、陈皮，中火焖30分钟，最后放入蚝油，以盐调味，煮开便成。

操作要领

香料宜少不宜多，目的在于提升鸭的鲜香味，放太多香料容易抢了主味。

营养贴士

啤酒鸭中含有丰富的烟酸，它是构成人体内两种重要辅酶的成分之一，对心肌梗死等心脏疾病患者有保护作用。

主料： 鸡腿 200 克

配料： 大葱、大蒜各 5 克，红油 10 克，盐 3 克，味精少许，青尖椒、红尖椒各 20 克，酱油适量

操作步骤

①鸡腿放入锅中煮熟，在原汤内浸泡 30 分钟，取出晾凉后切成丝。

②蒜去皮切成蒜末；葱切成细丝；青尖椒与红尖椒切成段备用。

③将盐、味精、酱油、红油、青尖椒、红尖椒、蒜末放入碗中，兑成汁。

④将葱丝放入盘底，上面放上鸡丝，将兑好的调味汁淋在鸡丝上，拌匀即可。

操作要领

葱要用葱白，这样令整道菜的色、香、味都更胜一筹。

营养贴士

鸡腿肉蛋白质的含量较高、种类多，而且消化率高，很容易被人体吸收利用，有增强体力、强壮身体的作用。

主料： 鸡胸脯肉 200 克，蚕豆瓣 100 克

配料： 鸡蛋 1 个，青椒、红椒各 20 克，植物油 30 克，精盐、糖、淀粉、葱、姜、香油各适量

操作步骤

①将鸡肉洗净切小丁，加鸡蛋、精盐、糖上浆备用；青、红椒切丁；蚕豆瓣洗净备用。

②锅中加水，放入蚕豆瓣烧开捞出。

③锅内放入少许植物油烧热，将鸡肉炒散，放入葱、姜、青椒、红椒，加蚕豆瓣烧透用淀粉勾芡，淋香油即可。

操作要领

最后一步淀粉勾芡的操作要既快又匀，使整道菜的色泽、口感都达到最佳。

营养贴士

蚕豆中含有调节大脑和神经组织的重要成分钙、锌、锰、磷脂等，并含有丰富的胆石碱，有增强记忆力的健脑作用，因此，如果你是正在应付考试或是脑力工作者，不妨适当进食蚕豆，以达到健脑效果。

山杞煲乌鸡

主料： 乌鸡1只（净光鸡）

配料： 山药、枸杞、生姜、盐、鸡精、油、清汤、料酒各适量

操作步骤

①将乌鸡放入开水中稍煮一下捞出待用；生姜切成片；山药去皮洗净切成厚片；枸杞洗净。

②将乌鸡、山药、枸杞、油、清汤一起放入电气锅中，控制器调到20分钟（或按汤键）。

③待电气锅进入保温状态，卸压后打开盖，放入其他调料调味拌匀即可。

操作要领

此处用电气锅是比较快的做法，也可放入炖盅，小火慢炖2个小时左右，味道更佳。

营养贴士

乌鸡肉中含的氨基酸高于普通鸡，而且所含铁元素也比普通鸡高很多，是营养价值极高的滋补品，食用乌鸡可以提高生理机能、延缓衰老、强筋健骨。

视觉享受：★★★ 味觉享受：★★★ 操作难度：★★

天麻黄杞煲皇鸽

主料： 鸽子250克

配料： 天麻、黄杞各10克，盐5克，料酒15克，味精、胡椒各2克，枸杞少量，清汤适量

操作步骤

①天麻、黄杞用温水洗净后切片；乳鸽清洗干净，再焯去血水。

②把鸽块放锅内，将天麻片、黄杞片、枸杞放鸽上，倒入清汤。

③用武火烧开，再换文火煲3个小时，放入盐、料酒、味精、胡椒调味起锅即成。

操作要领

开始前，先把天麻放米饭上蒸，使其吸收米液精华，增其药性再切片，小火慢煲使其所含营养成分充分溶解，易于人体吸收。

营养贴士

鸽子本身就具有高营养，加上名贵中药材天麻，就是非常好的补品，具有补肝益肾、健胃、健脾、补气益肺等功效，可治疗病后虚弱、头痛、眩晕等症。

主料： 生仔鸡肉500克

配料： 干辣椒、辣椒面各10克，豆瓣、酱油各15克，盐5克，油500克，汤100克，味精1克，料酒25克，豆粉适量，姜、葱各少许

操作步骤

①鸡肉洗净切菱形块，用料酒、酱油腌渍装在盘内；姜切片；葱切花；干辣椒切成1.3厘米长的段。

②油烧至八成热时，倒入鸡块，微炸一下即捞起；将油倒出，留底油，放入干辣椒、豆瓣，再加姜、葱，随即倒入辣椒面，用汤勺搅匀后，倒入鸡块翻动两下，烹入料酒，加汤，再放味精、盐、酱油，烧约5分钟，放上豆粉和匀即可起锅盛盘。

操作要领

炸鸡块时，需用筷子将其拨散，以免粘成团。

营养贴士

鸡肉对营养不良、畏寒怕冷、乏力疲劳、月经不调、贫血、虚弱者有很好的食疗作用。

视觉享受：★★★ 味觉享受：★★★ 操作难度：★★

海椒鸡丁

红烧乳鸽

主料： 月龄肥嫩乳鸽数只

配料： 笋片少许，黄酒、花椒油、花生油、酱油、大小茴香、姜末、八角、白糖、葱、姜片、花椒、盐、粉子各适量

操作步骤

①乳鸽洗净，放入由酱油、大小茴香、姜末、八角等佐料配制的料汤中，浸渍约 20 分钟，捞出控干斩块。

②锅置旺火上，倒入花生油，油热后炸鸽肉至外酥内嫩时捞出。

③锅中倒入花生油，放入白糖，熬成红色，加酱油稍烹，放水，将鸽肉、笋片放入，水量以漫过鸽肉为宜，放入葱、姜片、花椒、盐，15 分钟左右出锅盛盘。

④原汤加粉子、黄酒、花椒油，熬成浆状倒在乳鸽上即可上桌。

操作要领

加汤时，水不宜过多，以漫过鸽肉为宜。

营养贴士

鸽肉营养丰富，易于消化，所含微量元素和维生素也比较均衡。中医认为，鸽肉味咸性平，具有滋肾益气、祛风解毒的功效。

豉香鸡翅

主料： 鸡翅10只（翅中）

配料： 辣豆豉30克，植物油、花雕酒、生抽、葱、姜、八角、白糖、盐各适量

操作步骤

①鸡翅洗净，控干水分，在两面各划两刀。

②平底锅烧热，倒入少许植物油，将鸡翅放入植物油中，煎至两面微黄，放入葱、姜、八角煸炒。

③砂锅放火上，将鸡翅移入砂锅内，倒入花雕酒，放入辣豆豉、盐、白糖、生抽调味。

④大火烧开转小火，焖煮至汤汁收干即可。

操作要领

翅中用刀在两面划两刀，可以帮助入味；砂锅一定要小火，保持煨炖，但因为没有加水，一定要小心煳锅。

营养贴士

豆豉中含有多种营养素，可以改善胃肠道菌群，常吃豆豉还可帮助消化、预防疾病、延缓衰老、增强脑力、降低血压、消除疲劳、减轻病痛、预防癌症和提高肝脏解毒（包括酒精毒）功能。

主料： 鸡肉200克，山药、胡萝卜各50克

配料： 白萝卜丝、香菜叶、盐、料酒、鸡精各适量

操作步骤

①将鸡肉洗净斩块，并在沸水里焯一下捞出；山药、胡萝卜分别去皮洗净，切成滚刀块。

②锅置火上，倒入水烧开，放入鸡肉，加点料酒煮开，煮至鸡肉半熟，下入山药、胡萝卜煮至熟烂。最后，加点盐、鸡精调味，放上白萝卜丝、香菜叶装饰上桌即可。

操作要领

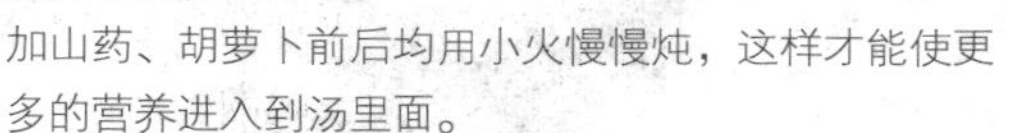

加山药、胡萝卜前后均用小火慢慢炖，这样才能使更多的营养进入到汤里面。

营养贴士

本汤具有温中益气、安五脏的功效。

山药胡萝卜鸡汤

双椒滑炒鸡肉

TIME 25分钟

主料： 鸡脯肉250克，青、红椒各1个

配料： 盐、味精、水淀粉、鸡蛋清、色拉油各适量

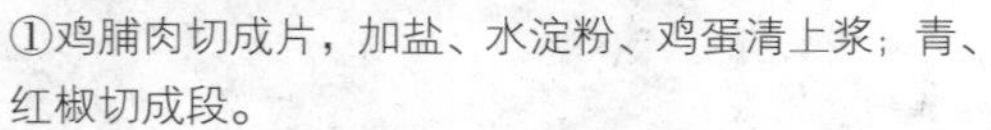

操作步骤

①鸡脯肉切成片，加盐、水淀粉、鸡蛋清上浆；青、红椒切成段。

②锅置火上，放入油烧至四成热，放入鸡片，至鸡片变乳白色时，倒入漏勺沥去油。

③炒锅留底油，投入青、红椒略煸，倒入鸡片，加盐、味精调味，用水淀粉勾芡，翻炒均匀装盘即可。

操作要领

鸡脯肉切片时，不宜切得过厚。

营养贴士

双椒炒鸡块中的辣椒含有的辣椒素有促进唾液和胃液分泌的作用，能增进食欲、帮助消化、促进肠胃蠕动、防治便秘。

视觉享受：★★★★ 味觉享受：★★★ 操作难度：★★

腐乳茄嫩鸡

TIME 30分钟

菜品特点：咸香清淡 油而不腻

主料： 鸡腿适量

配料： 大蒜、香菜、彩椒（切小丁）各少许，白腐乳、长茄子、盐、高汤精、料酒、白糖、酱油、香油、葱末、姜末、蚝油各适量

操作步骤

①将茄子去皮切成条，撒入盐略腌一会儿，再挤去多余的水分，摆盘备用；大蒜切片，入油锅内煸炒一下备用。

②鸡腿去骨切成条，加入白腐乳、高汤精、葱末、姜末、酱油、蚝油、料酒、香油、白糖、盐搅拌均匀，腌渍片刻后放在茄子上，入蒸锅蒸8分钟，出锅后撒入香菜、彩椒丁、蒜片即可。

操作要领

茄子要加盐腌过，水分才容易挤去，若茄子水分过多，则蒸的时候会影响最终的口味。

营养贴士

茄子的营养比较丰富，含有蛋白质、脂肪、碳水化合物、维生素以及钙、磷、铁等多种营养成分。

主料： 鸡1/4只

配料： 香菇少许，生姜3片，红枣6个，生粉、生抽、白糖各适量

操作步骤

①鸡洗干净后，切块；香菇用热水泡软，洗干净后切块；红枣洗干净切块；生姜切丝。

②把鸡、香菇块、红枣块、生姜丝全部拌在一起，加入生粉、生抽、白糖一起拌匀。

③水烧开后，把鸡隔水大火蒸8分钟，关火后焖2分钟即可。

操作要领

"蒸"的好处在于：由于蒸具将食物与水分开，即使水沸，也不至触及食物，使食物的营养价值全部保持在食物内，不易遭受破坏，可以保持食物的原汁原味，而且比起炒、炸等烹饪方法，蒸出来的菜品所含的油脂要少得多，非常健康。

营养贴士

鸡肉含有对人体生长发育有重要作用的磷脂类，是中国人膳食结构中脂肪和磷脂的重要来源之一。

视觉享受：★★★ 味觉享受：★★★ 操作难度：★★

红枣香菇蒸鸡肉

TIME 15分钟

菜品特点：味道香甜

东安炒鸡

TIME: 20分钟

菜品特点

酸辣鲜香
肉质肥嫩

主料： 鸡1只

配料： 姜25克，红辣椒适量，清汤、植物油各100克，米醋50克，花椒2克，辣椒末5克，盐、味精各少许

操作步骤

①先宰杀鸡，然后清洗干净。

②将净鸡放入汤锅内煮约10分钟，达七成熟捞出，斩成块，头、颈、脚爪作他用，鸡汤留用；姜、红辣椒切丝。

③炒锅置旺火上，放入植物油，八成热时下姜丝、花椒、红辣椒丝和辣椒末，倒上米醋煸炒，出香味时再倒鸡块、清汤，大火烧开，中火焖1分钟左右，至汤汁快干时，倒入鸡汤，改大火，翻几下，鸡汤煮沸后焖2~5分钟小火收汁，放入花椒、盐、味精调味，翻炒均匀，装盘即成。

操作要领

鸡可用熟鸡来代替，只是没有原汁原味的口感好。

营养贴士

东安炒鸡是传统的补虚菜式，营养成分高，对妇女生理期不适或是产后、病后的保养非常有益。

水产类

麻辣虾

TIME 25分钟

视觉享受：★★★
味觉享受：★★★★
操作难度：★★★

菜品特点
麻辣鲜香

主料： 海白虾500克

配料： 青辣椒、红辣椒、花椒各5克，姜、精盐、白糖、酱油各适量，植物油30克，大蒜10瓣

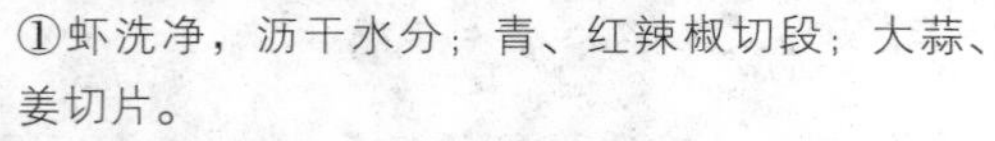

操作步骤

①虾洗净，沥干水分；青、红辣椒切段；大蒜、姜切片。

②锅中放植物油烧热，将虾放入炸透取出。

③锅中放植物油，放入花椒、辣椒、姜、大蒜爆香，放入虾，再加入白糖、酱油、精盐，焖10分钟即可食用。

操作要领

要想虾有滋有味，可在翻炒的时候放一点牛油，那种香气绝对是植物油无法替代的。

营养贴士

虾营养丰富，所含蛋白质是鱼、蛋、奶的几倍到几十倍，还含有丰富的钾、碘、镁、磷等矿物质及维生素A、氨茶碱等成分。

视觉享受：★★★ 味觉享受：★★★★ 操作难度：★★

干锅香辣虾

TIME 15分钟

菜品特点 香辣酥脆

主料： 鲜活大虾500克

配料： 笋、芹菜各少许，橄榄油、大蒜、生姜、葱、辣椒、料酒、生抽、糖各适量

操作步骤

①剪去虾枪和虾须，保留虾脚，大虾背部用小刀划开，挑出泥肠；芹菜切段；笋切条；葱、辣椒切碎。

②锅里加入适量橄榄油，放入大蒜、生姜、葱、辣椒，小火炒香，放入处理好的大虾、笋条、芹菜段煸炒，至虾身弯曲变红，烹入适量料酒，倒入适量生抽调味。

③加入适量糖调味，转大火煸干汤汁，起锅即可。

操作要领

最后煸炒一定要快速，以保持虾的酥脆，辣椒的多少随自己口味，但建议不要太辣，不然会盖住虾的鲜味。

营养贴士

大虾中有蛋白质、糖类、维生素A、B族维生素，以及磷、铁、镁等矿物质等，对身体非常有好处。

主料： 净虾仁150克

配料： 鲜豌豆50克，鸡蛋清25克，植物油、姜末、胡椒粉、水淀粉、盐、清汤各适量

操作步骤

①虾仁用盐、胡椒粉、水淀粉及蛋清上浆；豌豆洗净，焯熟。

②锅置火上，放植物油烧至四成热，放入虾仁滑熟，捞出控油；用盐、胡椒粉、水淀粉及清汤兑成汁。

③锅内留底油，下姜末爆香，放入虾仁、豌豆稍炒，倒入芡汁翻炒至熟即成。

操作要领

豌豆也可换成去瓤带皮的黄瓜丁，虾仁滑油入锅时油温不能过热。

营养贴士

此菜主要提供人体所需的优质蛋白质，营养价值很高，多吃可改善食欲不振与全身倦怠的症状，且有补气健胃的功效。

视觉享受：★★★★ 味觉享受：★★★★ 操作难度：★★

翡翠虾仁

TIME 15分钟

菜品特点 色泽艳丽 虾仁软嫩

洞庭串烧虾

TIME 20分钟

主料： 活基围虾30只

配料： 粗盐500克，竹签30支，大红椒、洋葱各10克，味椒盐、味精、白糖各5克，海鲜汁、红油、香油各5克，大蒜瓣、姜各8克，植物油700克（实耗50克），高汤80克

操作步骤

①基围虾去须，用竹签从尾部穿到头部；大红椒切段；洋葱切段；大蒜瓣剁成茸；姜切碎。

②锅上火，将植物油倒入锅中烧七至八成热，将虾下入油锅中小火炸1分钟至酥，取出来，整齐地叠摆在锡纸上（每张锡纸放4~5只）。

③锅上火放红油，烧至六成热时放入蒜茸、姜炒香，加洋葱、红椒小火翻炒，放味椒盐、高汤，依次将味精、白糖、海鲜汁放入，小火烧开成汁，浇淋在锡纸里的虾仁身上，再淋上香油，包紧锡纸装入小篮。

④锅上火烧热，将粗盐倒入锅中，小火翻炒10分钟直至水分干，盐温很高时出锅，放在锡纸上与虾一同上桌即可。

操作要领

虾入油锅炸时要控制好时间，时间不宜过长，约1分钟即可，否则虾易变老。

营养贴士

基围虾中含有丰富的镁，能很好地保护心血管系统，其肉质松软、易消化，对于身体虚弱以及病后需要调养的人是极好的食物。

视觉享受：★★★ 味觉享受：★★★★ 操作难度：★★

干锅北极虾

TIME 15分钟

菜品特点：鲜嫩美味 营养丰富

主料： 北极虾250克

配料： 麻辣花生20克，啤酒1大杯，葱花少许，生抽15克，糖5克，盐少许，橄榄油适量

操作步骤

①北极虾从冷冻室内取出放冷藏室自然退冰。

②锅中加入适量的橄榄油，放入北极虾炸至酥脆，沥干多余的油分。

③炒锅中倒入适量的底油，放入葱花爆香，放入炸过的虾大火快炒，淋入生抽、盐、糖调味，可以添加少量啤酒，让锅内的调料融合，待大火收干汤汁后，放入麻辣花生即可出锅。

操作要领

北极虾要自然解冻，切记不可将其浸泡在水中，尤其不能浸泡在热水中，因为那样会使北极虾本来的鲜美味道流失。

营养贴士

北极虾营养丰富，它含有大量优质的不饱和脂肪酸和优质蛋白质，不含胆固醇，且脂肪与卡路里含量极低，同时，它还富含多种矿物质，是非常健康的食品。

视觉享受：★★★★ 味觉享受：★★★★ 操作难度：★★

五彩鲜贝

TIME 20分钟

菜品特点：色泽美观 味道鲜美

主料： 鲜贝300克

配料： 胡萝卜、黄瓜丁、草菇各20克，水发香菇5克，盐、胡椒粉各2克，味精3克，淀粉、料酒、香油、植物油各适量

操作步骤

①将胡萝卜、黄瓜丁削成球连同草菇、水发香菇用开水焯一遍；鲜贝用淀粉上浆；淀粉加水做成水淀粉。

②起锅放油烧热，将鲜贝滑透。

③锅留底油，放入全部主、配料煸炒，淋少许水淀粉勾芡，淋香油出锅。

操作要领

胡萝卜球、黄瓜球及草菇块、香菇块要与鲜贝差不多大小，这样做出来才更加美观。

营养贴士

鳞贝富含蛋白质、碳水化合物、核黄素和钙、磷、铁等多种营养成分，且含丰富的谷氨酸钠，味道极鲜。

馋嘴牛蛙

视觉享受：★★★★
味觉享受：★★★★
操作难度：★★

TIME 18分钟

主料： 牛蛙500克

配料： 干辣椒圈、辣椒面各适量，盐2克，鸡精、淀粉、胡椒粉、麻辣鱼料、老抽、姜、蒜各少许，料酒、油各适量

操作步骤

①牛蛙宰杀洗净，斩成小块，放入少许盐、鸡精、料酒、胡椒粉、淀粉码味待用。

②起锅上火，放入清水烧开，下入牛蛙焯水捞出；锅中入油，烧至三成热，下入牛蛙滑油至变色，捞出，沥油。

③净锅放入少许底油，下入姜、蒜炒香，下入少许辣椒面，加入清水烧开，下入少许鸡精、胡椒粉、麻辣鱼料、老抽，下入牛蛙略煮，然后全部倒入煲中。锅洗净，放入少量油，放入干辣椒圈煸炒出香味，倒在牛蛙上即可。

操作要领

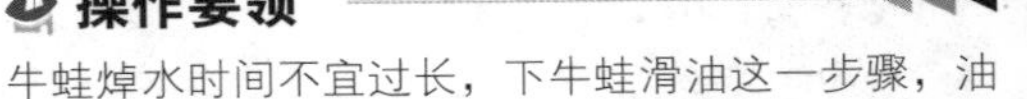

牛蛙焯水时间不宜过长，下牛蛙滑油这一步骤，油的温度要把握好，否则会影响外形与口感。

营养贴士

牛蛙营养价值非常高，味道鲜美，是一种高蛋白、低脂肪、低胆固醇营养食品，备受人们的喜爱。

视觉享受：★★★★　味觉享受：★★★★　操作难度：★★

红枣枸杞炖牛蛙

TIME　30分钟

主料： 牛蛙500克

配料： 枸杞、红枣、盐、味精、植物油、老汤、糖、葱、姜、大料、料酒、胡椒面各适量

操作步骤

①将牛蛙用热水汆一下捞出。

②另起锅放入底油，用葱、姜、大料炝锅，放入牛蛙，烹入料酒，加老汤，放入枸杞、红枣、盐、味精、糖少许烧开，小火炖熟。

③出锅时放入胡椒面即可。

操作要领

操作之前把牛蛙用开水汆透，以免有异味。

营养贴士

牛蛙有滋补解毒的功效，消化功能差或胃酸过多的人以及体质弱的人可以用来滋补身体；牛蛙可以促进人体气血旺盛、精力充沛，有养心安神、滋阴壮阳、补气的功效，有利于病人的康复。

主料： 牛蛙500克（可以搭配甘薯，营养更全面）

配料： 橘子200克，蒸肉粉15克，豆瓣25克，盐5克，姜末10克，味精、胡椒各2克，菜油15克，菜叶适量

操作步骤

①将牛蛙宰杀后洗净斩块；红橘用刀于1/3处雕成齿形后取下成盖，掏出橘瓣。

②豆瓣剁碎，加入姜末、盐、味精、胡椒、菜油、蒸肉粉调匀，再放入牛蛙拌匀，上笼蒸熟。

③蒸熟后舀入红橘壳内，再上笼蒸5~6分钟，取出装盘，点缀菜叶即成。

操作要领

牛蛙在橘壳内蒸制时间不宜长，否则橘壳会变形。

营养贴士

橘皮内含橙皮甙、柠檬酸及柠檬烯等营养素，具有防癌功效，与牛蛙合烹成菜后营养更加合理均衡。

视觉享受：★★★★　味觉享受：★★★★　操作难度：★★★

红橘粉蒸牛蛙

TIME　30分钟

干煎鲫鱼

视觉享受：★★★
味觉享受：★★★★
操作难度：★★

主料：鲫鱼适量

配料：料酒、醋、盐、葱段、姜段、辣椒粉、孜然粉、五香粉、植物油各适量

操作步骤

①把鲫鱼去鳞、去鳃、去内脏洗净，靠脊背部位打斜刀，加料酒、醋、葱段、姜段拌匀，腌渍10分钟去腥。

②冲洗干净后，加盐、辣椒粉、孜然粉、五香粉，拌匀后腌渍2小时以上，使其入味。

③起锅热植物油，把腌好的鲫鱼放入锅内，煎至金黄后，翻面再煎，直到煎至两面金黄即可。

操作要领

在鲫鱼背部斜切几刀，一来能够让黄鱼熟得彻底，二来能够入味更深。

营养贴士

鲫鱼的鱼油富含维生素A和不饱和脂肪酸等，肝炎、肾炎、高血压、心脏病、慢性支气管炎等患者常食鲫鱼可增强抗病能力。

清炖鲢鱼头

主料： 鲢鱼（上半身）750克

配料： 火腿肠25克、植物油25克，盐4克，料酒、姜片各3克，葱段7克，菜叶、鲜汤各适量

操作步骤

①将鲢鱼头去鳃洗净，劈成两块，放入开水锅中烫一下，捞出沥水；火腿切成片。

②炒锅放植物油烧热，放入鱼头煎至金黄色，加入料酒、葱段、姜片和适量鲜汤，用旺火烧开，用文火烧至鱼头酥熟、汤汁乳白，将鱼头捞入汤碗中。

③原锅汤汁烧开，去葱段、姜片，加入盐、火腿片，倒入鱼头汤碗内，加上菜叶装饰即成。

操作要领

用鱼做汤，需要先经过油煎，再倒入开水炖煮，其汤才会呈奶白色，且汤味浓厚。

营养贴士

这道菜对消化不良有非常好的效果，而且还有益智补脑的功效。

主料： 鲢鱼头1个

配料： 蒜、豆豉、料酒、特制剁椒、植物油各适量，盐2克，姜10克，葱8克

操作步骤

①将鱼头洗净切成两半，头背相连；葱切碎；姜块切末；蒜切末。

②将鱼头放在碗里，然后抹上油，在鱼头上撒上剁椒、姜末、盐、豆豉，倒入料酒。

③锅中加水烧沸后，将鱼头连碗一同放入锅中蒸熟（约10分钟），将蒜茸和葱碎铺在鱼头上，再蒸1分钟。

④从锅中取出碗，再将炒锅置火上，放植物油烧至十成热，铲起淋在鱼头上即成。

操作要领 

剁椒本身有咸味，所以要少放盐，口味重的可以加少许蒸鱼豉油。

营养贴士

鱼头营养高、口味好，对降低血脂、健脑及延缓衰老有好处。

剁椒蒸鱼头

干烧鲳鱼

TIME 40分钟

主料： 鲳鱼750克

配料： 干梅菜、冬笋、干辣椒各15克，猪肉20克，葱末、姜末、蒜末各4克，盐、味精各4克，香油、黄酒各4克，猪油（炼制）60克，白糖10克，清汤250克，酱油适量

操作步骤

①鲳鱼去鳃、内脏，洗净，在鱼的两面以0.6 厘米的刀距剞上柳叶花刀，抹匀酱油；猪肉、冬笋、干梅菜、干辣椒均切条。

②锅内放猪油烧至九成热，将鱼下入炸至五成熟，呈枣红色时捞出控净油。

③另起油锅烧热，先将猪肉下锅煸炒，再放入黄酒、葱末、姜末、蒜末、冬笋、干梅菜、辣椒煸炒几下，随即加入白糖、酱油、盐、清汤250克烧沸，再放入鱼，用微火煨，至汁浓时，将鱼捞出放盘内，锅内余汁加味精、香油搅匀，浇鱼上即成。

操作要领

微火慢煨，令滋味充分渗透于鱼肉之内，先出鱼，后收汁，成品卤汁紧抱，油润红亮。

营养贴士

此菜含有丰富的不饱和脂肪酸，还有降低胆固醇的功效，含有丰富的微量元素硒和镁，对冠状动脉硬化等心血管疾病有预防作用，并能延缓机体衰老，预防癌症的发生。

视觉享受：★★★ 味觉享受：★★★ 操作难度：★★

清炖甲鱼

TIME 120分钟

主料： 活甲鱼1只（1000克）

配料： 鸡腿2个，火腿、精炼油各25克，香菇15克，葱15克，冬笋5克，姜10克，鸡清汤500克，精盐、湿淀粉、醋、胡椒粉、绍酒各适量

操作步骤

①甲鱼经宰杀处理洗净，甲鱼肉剁块洗净，然后以精盐少许、湿淀粉拌匀上浆。

②火腿、冬笋切片；葱切葱花；姜切片；香菇洗净，入沸水焯熟。

③炒锅置旺火上，放入精炼油，待油烧至七八成热，放入浆好的甲鱼，炸至两面硬结时捞出；将姜片放入汤碗中，放入甲鱼、火腿、香菇、冬笋，加鸡清汤500克、精盐、醋、绍酒。

④将葱盖在上面，上笼屉蒸烂取出，去掉冬笋、姜、鸡腿、香菇和火腿，撒上胡椒粉即成。

操作要领

甲鱼剁块前后都要认真清洗，尤其是血污要清洗干净，以免色暗。

营养贴士

甲鱼有较好的净血作用，常食用可降低血胆固醇，对高血压、冠心病患者有益。

视觉享受：★★★ 味觉享受：★★★★ 操作难度：★★

红烧甲鱼

TIME 60分钟

主料： 甲鱼1只（1000克）

配料： 菜油60克，黄酒20克，生姜、花椒、冰糖、酱油各适量

操作步骤

① 将甲鱼处理干净，取肉切块。

② 锅中加菜油，烧热后，放入甲鱼块，反复翻炒，再加生姜、花椒、冰糖等调料，烹以酱油、黄酒，加适量清水，用文火煨炖，至龟肉烂为止。

操作要领

处理甲鱼的时候，先将甲鱼放入盆中，加热水（约40℃），使其排尽尿，然后再做其他处理。

营养贴士

红烧甲鱼是药膳偏方菜谱之一，具有滋阴补血的功效，适用于阴虚或血虚患者所出现的低热、咯血、便血等症。

清蒸鱿鱼豆腐

TIME 30分钟

菜品特点
色红亮
质柔嫩

主料： 鱿鱼300克

配料： 豆腐100克，盐、蒜茸、植物油、剁椒、葱花各适量

操作步骤

①将鱿鱼撕去红色外衣，切成条状；豆腐切成薄片在盘中铺好。

②将切好的鱿鱼摆在豆腐上，撒上少许盐，上锅隔水蒸。

③另起油锅将蒜茸爆香，并放入少许盐，倒在正在蒸的鱿鱼上。

④将锅中再加些植物油，油热后，倒入剁椒，爆香，在鱿鱼蒸好前几分钟倒在鱿鱼上；最后撒下葱花即可。

操作要领

在鱿鱼上加调料和油的先后顺序以及时间要把握好。

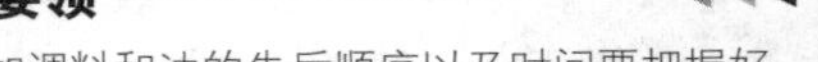

营养贴士

鱿鱼中含有丰富的钙、磷、铁元素，对骨骼发育和造血十分有益，可预防贫血。

视觉享受：★★★　味觉享受：★★★　操作难度：★★

豆豉蒸鱼

TIME 60 分钟

菜品特点：味道鲜美

主料： 草鱼 750 克

配料： 豆豉 35 克，植物油 35 克，猪里脊肉 75 克，葱、姜、蒜各 10 克，酱油、料酒各 15 克，盐、胡椒粉、味精各 2 克，干红辣椒末少量

操作步骤

①将鲜鱼洗净，控干水分，用盐、料酒、胡椒粉、味精拌匀腌 30 分钟，放入盘中备用；葱切丝；姜、蒜切末备用。

②将猪里脊肉切成丁，与豆豉（淘洗干净）、姜末、蒜末、酱油拌匀，浇在鱼身上，用大火蒸至刚熟时取出。

③将植物油放入锅中，烧至七成热浇在鱼身上，撒上干红辣椒末、葱丝即可。

操作要领

鱼必须先腌渍，使之入味，最后的口感才不会太淡。

营养贴士

草鱼具有补脾暖胃、祛风的功效，对脾胃虚弱、少气乏力、胃脘冷痛等症有一定的疗效。

主料： 鱼块 500 克

配料： 蒜头数粒，红椒丝、葱丝各少许，精制油、辣椒油、料酒、淀粉、干姜粉、生抽、白糖各适量，鸡粉少许

操作步骤

①将鱼块与干姜粉、生抽、白糖、鸡粉、淀粉拌匀，放入冰箱 1 小时入味。

②将锅置于中火上烧热，放入精制油，然后将鱼块整齐放入锅内，放蒜头数粒，慢火煎一下，再烹入料酒，盖上盖，转小火焖 20 分钟。

③待水分不多时，揭盖，放辣椒油，泼热油 1 勺，将热量和味道裹住，最后撒上红椒丝、葱丝出锅即可。

操作要领

鱼块一定要整齐地码好入锅，再放入蒜头，使鱼不粘锅。

营养贴士

鱼肉中富含维生素 A、铁、钙、磷等，常吃鱼还有养肝补血、泽肤养发的功效。

视觉享受：★★★　味觉享受：★★★★　操作难度：★★

干锅瓦块鱼

TIME 100 分钟

菜品特点：鲜嫩爽滑

剁椒蒸小鲍鱼

TIME 15分钟

视觉享受：★★★
味觉享受：★★★★
操作难度：★★

主料： 新鲜鲍鱼 5 个

配料： 大蒜 1 头，姜 2 片，葱 1 根，黄油 15 克，剁椒酱、花生油各适量

操作步骤

①大蒜制成蒜泥；葱、姜分别切末。

②黄油入锅，小火炒化，放入葱、姜末炒香，再加入 2 大勺剁椒酱煸炒出香味，最后放入蒜泥拌匀即可关火，将炒好的酱料盛出待用。

③用刀挖出鲍鱼肉，去除内脏，清洗干净，再在表面划十字花刀，鲍鱼壳用小刷子刷净备用。

④将鲍鱼肉放入鲍壳中，上面再放 1 勺刚刚炒好的剁椒酱，开水入锅，蒸约 5 分钟即可关火，取出后在鲍鱼肉表面撒些葱末，淋上适量烧滚的花生油即可。

操作要领

鲍鱼肉可放入盐水中搓洗，这样比较容易洗干净。

营养贴士

鲍鱼营养价值极高，含有丰富的球蛋白、钙、铁、碘和维生素 A 等营养元素，中医认为它有滋阴益精、养血柔肝的功效。

视觉享受：★★ 味觉享受：★★★ 操作难度：★★

清汤海参

TIME 20分钟

菜品特点：柔软鲜嫩 汤清味醇

主料： 水发海参250克

配料： 玉兰片50克，香菜叶少许，熟猪油25克，料酒15克，味精3克，盐4克，香油10克，胡椒粉2克，鲜汤适量

操作步骤

①将发好的海参洗净；玉兰片洗净，切成片；香菜叶洗净。

②锅内加水，浇沸后下入海参、玉兰片焯烫一下捞出，控净水，盛在汤碗内。

③将锅架在火上，放入熟猪油烧至六七成热，加鲜汤、料酒、味精、盐，烧开后调好口味，撇去浮沫；将少许沸汤盛在大汤碗内，烫一下海参，然后把汤滗回锅内，烧开后再将锅内汤盛在汤碗内，撒上胡椒粉，淋入香油，放上香菜叶即成。

操作要领

海参如果比较大，可以顺长向切成抹刀片，2~3片即可。

营养贴士

海参味甘、咸，性温，能补肾壮阳、益气滋阴、通肠润脾、止血补血，是阴阳双补之佳品。

主料： 罗非鱼1条

配料： 猪肉、葱花、郫县豆瓣酱、姜、蒜、白糖、泡辣椒末、酱油、花生油、料酒、醋、盐、香油、鲜汤、香菇末各适量

操作步骤

①将罗非鱼去鳞，去内脏，在鱼身两面划直刀，间距1厘米；猪肉切丁；姜、蒜切末。

②炒锅倒入花生油烧至八成热，下入罗非鱼，炸至上色、肉熟时捞出。

③锅内留底油，下郫县豆瓣酱炒出香味，然后放入猪肉丁炒香，加入鲜汤、白糖、盐、醋、姜末、蒜末、泡辣椒末、酱油、料酒和香菇末烧开；5分钟后放入鱼，煮5分钟，翻面再煮5分钟；最后大火收汁，撒上葱花，淋入香油即可。

操作要领

此成品菜出锅装盘后，见油不见汤方为正宗。

营养贴士

此菜含有丰富的蛋白质，可以促进人体生长发育和新陈代谢。

视觉享受：★★★★ 味觉享受：★★★★★ 操作难度：★★★

干烧罗非鱼

TIME 20分钟

菜品特点：肉质细嫩 味道鲜美

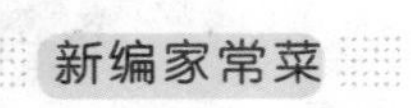

翠竹粉蒸鮰鱼

主料： 母鮰鱼1条，翠竹筒1节

配料： 熟米粉100克，白醋、绍酒各5克，五香粉10克，原汁酱油、甜面酱各15克，味精、精盐、胡椒粉、花椒粉各1克，葱花、姜末各5克，豆瓣酱25克，芝麻油、辣椒油各30克，白糖1.5克，熟猪油40克

操作步骤

①取直径10厘米、长25厘米、两端竹节的翠竹筒1节，离竹筒两端约4厘米处横锯2条，再破成宽8厘米的口，破下的竹片作筒盖。

②将鮰鱼从腹部剖开，去内脏，洗净，沥干，切成长方形块，再用水清洗一次，沥干水放入大碗。

③加原汁酱油、豆瓣酱、胡椒粉、五香粉、甜面酱、花椒粉、精盐、白糖、白醋、绍酒、味精、芝麻油、辣椒油、葱花、姜末拌匀，然后加入米粉、熟猪油拌匀，腌5分钟，再将腌好的鱼放入竹筒，盖上筒盖，上笼蒸20分钟取出即可。

操作要领

鱼处理后，去掉鱼腮，斩去边鳍，连同头尾一起剁块。

营养贴士

此菜营养丰富，是贫血、营养不良、结核病、肝炎病、软骨病、骨质软化等患者和孕妇、老年人的佳肴。

视觉享受：★★★ 味觉享受：★★★ 操作难度：★★

胡椒汤煮花蚬

TIME 25分钟

主料： 海蚬500克

配料： 白胡椒粒、黑胡椒粒各5克，冬瓜200克，葱花15克，姜片15克，鱼露少许，盐、糖、鸡汤、米酒、花生油各适量

操作步骤

①蚬放入清水中静养，令其吐出体内杂质，备用；冬瓜去皮，洗净，切块。

②热锅下花生油，爆香姜片和葱花，下冬瓜翻炒，放少许米酒，加入适量鸡汤和黑、白胡椒粒，慢火煮15分钟至胡椒香味溢出，然后放入花蚬滚开，放入盐、糖、鱼露调味即可。

操作要领

海蚬不能只用清水冲洗，而是要在水中养一会儿，才能将体内杂质除去。

营养贴士

肉味鲜美，营养价值高，又为中药药材，有明目、利小便和去湿毒等功效。

主料： 草鱼1条

配料： 炸花生米30克，干辣椒段10克，鸡蛋1个，精盐、味精、鸡粉、白糖、面包粉、淀粉、植物油各适量

操作步骤

①将草鱼去鳞、去鳃、除内脏，洗净后去骨，将鱼肉切成丁，放入碗中加鸡蛋液、淀粉拌匀，再拍上面包粉备用。

②坐锅点火，加植物油烧热，下入鱼丁略炸，捞出沥油待用。

③锅中留底油烧热，下入干辣椒段炒香，再放鱼丁，加精盐、白糖、味精、鸡粉烧至入味，然后加炸花生米翻炒均匀，即可装盘上桌。

操作要领

炸鱼丁的油温要掌握好，油温太低鱼丁则容易粘锅，影响外形；太高鱼丁则容易外焦内生。

营养贴士

此菜含有丰富的不饱和脂肪酸，可以促进血液循环。

视觉享受：★★★★ 味觉享受：★★★★ 操作难度：★★★

宫保鱼丁

TIME 20分钟

小炒鱼

主料： 草鱼400克

配料： 醋15克，淀粉75克，盐2克，植物油500克，酱油3克，米酒4克，葱、姜各5克，红椒5克，味精0.5克，清汤150克，香油适量

操作步骤

①将鱼刮去鱼鳞，去腮和内脏，洗净，片出鱼肉切成块，用盐、米酒、酱油腌5分钟；姜切片；葱切段；红椒洗净，去籽切碎；小碗内放入清汤、酱油、味精、淀粉和米酒调汁待用。

②锅中放植物油，烧至六成热时，将鱼块粘上淀粉下锅，炸至外略酥内断生，捞出滤去油。

③锅中留底油，放入葱段、红椒、生姜炒出香味，加调好的汁，用水淀粉勾芡，淋香油即可出锅。

操作要领

勾芡要恰到好处，食后盘中不留芡汁。

营养贴士

此菜具有提神、美容、开胃等功效。

视觉享受：★★★ 味觉享受：★★★★ 操作难度：★★

清蒸加吉鱼

TIME 30分钟

主料： 加吉鱼 750 克

配料： 姜、葱各 10 克，黄酒 25 克，清汤 200 克，盐 4 克，鸡油 5 克，花椒 2 克，青椒、红椒各少许

操作步骤

①将加吉鱼处理洗净，在鱼身上剞柳叶花刀，再放入开水中稍烫即捞出，撒匀细盐，整齐地摆入盘内；葱一半切丝，一半切片；姜切片，青椒、红椒均切丝。

②将鱼放入鱼池盘内，加入黄酒、花椒、清汤 200 克，再把葱片、姜片、花椒塞入鱼腹内，入笼蒸 20 分钟熟后取出。

③取出将汤滗入炒锅内，去掉葱、姜、花椒，在炒锅内放汤用旺火烧开，打去浮沫，浇在鱼身上，淋上鸡油，撒上葱丝、青椒丝、红椒丝装饰即成。

操作要领

鱼池盘中先用两根筷子前后垫底，上面放鱼，蒸时便于蒸气循环，鱼身两面受热均匀，可缩短成熟时间，鱼肉鲜美。

营养贴士

加吉鱼营养丰富，富含蛋白质、钙、钾、硒等营养元素，为人体补充丰富蛋白质及矿物质。

主料： 草鱼肉 300 克

配料： 泡椒末 50 克，姜末、蒜片、淀粉、植物油、香油、酱油、高汤、料酒、胡椒粉、盐、味精各适量

操作步骤

①将鱼肉洗净切丁，然后加胡椒粉、盐、料酒、淀粉拌匀，腌渍 10 分钟。

②锅中放植物油，至六成热时，放入鱼肉丁，炸成金黄色捞起。

③锅内留底油，放入泡椒末、姜末、蒜片炒香，倒入高汤烧开；然后将鱼肉丁倒入锅内，加入胡椒粉焖 5 分钟；最后加料酒、味精、酱油、香油翻炒片刻，盛盘即可。

操作要领

此菜也可做成麻辣味或其他口味。

营养贴士

此菜具有健胃、养血的功效。

视觉享受：★★★★ 味觉享受：★★★★★ 操作难度：★★★

泡椒辣鱼丁

TIME 30分钟

TIME 30分钟

酸辣回锅三文鱼

菜品特点

色泽诱人
酸辣可口

主料：三文鱼200克

配料：青椒、红椒各半个，干红辣椒少许，葱1根，大蒜4瓣，杏鲍菇20克，花椒粉1克，咖喱粉3克，料酒15克，干淀粉15克，蒜茸辣椒酱、番茄酱各30克，老抽5克，盐3克，糖5克，植物油、水淀粉、豆豉辣酱各适量

操作步骤

①三文鱼斜刀切成3厘米宽的块，放入大碗中，调入花椒粉、咖喱粉、料酒和干淀粉搅拌均匀，腌渍10分钟；干红辣椒、葱、大蒜切末；青、红椒切块；杏鲍菇切薄片。

②平底锅中倒入植物油，待油温七成热时，放入鱼块，煎至两面金黄捞出。

③平底锅中再倒入一些植物油，放入干辣椒末、蒜末和葱末爆香后，放入杏鲍菇翻炒，待杏鲍菇有点变软的时候，放入蒜茸辣椒酱、豆豉辣酱和番茄酱炒匀后，倒入开水，倒入煎好的三文鱼块，1分钟后再倒入青、红椒块，调入老抽、盐、糖搅拌均匀后，淋入水淀粉盛盘即可。

操作要领

煎鱼块的时候每块之间要有间隔，否则会粘连在一起。

营养贴士

三文鱼肉有补虚劳、健脾胃、暖胃和中的功能，可治消瘦、水肿、消化不良等症。

视觉享受：★★★ 味觉享受：★★★★ 操作难度：★★

白汁鲤鱼

主料： 活鲤鱼750克

配料： 豆芽50克，姜15克，葱20克，精盐10克，料酒15克，胡椒面2克，味精2克，猪网油100克，化猪油50克，水豆粉30克，植物油、清汤各适量

操作步骤

①姜切片；葱一半切丝一半切片备用；鲤鱼处理洗净，两面各剞5刀，将鱼用料酒、盐、胡椒面、味精腌制，姜片、葱段放鱼腹内，盖一层猪网油，腌1小时，上笼蒸熟后取出，去掉网油、姜、葱，放入另一只盘内。

②豆芽清洗干净，入开水中略焯，取出沥干水分。

③锅内放植物油烧热，下姜、葱炒出香味，加汤稍煮，捞去姜、葱，放入豆芽、葱丝、猪油，加盐、料酒、味精，尝好味，下水豆粉勾芡，浇在鱼上即成。

操作要领

鲤鱼洗净后，用开水烫一下，捞入温水中，再取出。

营养贴士

鲤鱼的蛋白质不但含量高，而且质量也佳，并能供给人体必需的氨基酸、矿物质、维生素A和维生素D。

主料： 蛎黄、黄豆芽各200克，小白菜50克

配料： 姜丝少许，植物油、精盐、味精、香油、清汤各适量

操作步骤

①蛎黄洗净，待用；小白菜洗净切段，黄豆芽淘洗干净。

②锅内放植物油，用姜丝炝锅，倒入清汤，加蛎黄、黄豆芽，调入精盐、味精，汤开后打去浮沫，放入小白菜再煮2分钟，淋香油即可。

操作要领

煮制时间不应超过5分钟，牡蛎肉边缘开始发皱时就应从水中捞出，牡蛎煮的时间哪怕稍长一点，牡蛎肉都会呈糊状而且咀嚼不烂。

营养贴士

牡蛎所含的蛋白质中有多种优良的氨基酸，这些氨基酸有解毒作用，可以除去体内的有毒物质，同时还是补钙佳品。

视觉享受：★★★ 味觉享受：★★★★ 操作难度：★★

银芽白菜蛎黄汤

大蒜家常豆腐鱼

视觉享受：★★★
味觉享受：★★★★
操作难度：★★

主料： 鲤鱼650克，豆腐250克

配料： 豆瓣辣酱8克，盐10克，味精5克，大葱20克，姜5克，大蒜30克，淀粉（玉米）4克，猪油（炼制）适量

操作步骤

①将鱼清理干净，用刀在鱼身两侧剞十字花刀；将豆腐切成3厘米长、1厘米厚的长形条；蒜剥净皮；姜、葱切片待用。

②锅中放猪油烧热，将鱼下锅，炸至两面金黄色时捞出，余油倒出，留少许，把豆瓣辣酱、大蒜下锅稍炒，待出香味时把葱、姜、盐、味精和豆腐、鱼一同下锅，烧开，改用小火慢烧。

③待鱼烧透，将鱼捞在盘中，把豆腐整齐地放在鱼上，将锅中汤适量勾芡烧熟，浇在鱼上即可。

操作要领

最后一定要用小火慢炖，才能够入味。

营养贴士

鲤鱼营养价值高，富含优质蛋白、矿物质、维生素A和维生素D，有滋补健胃、利水消肿、通乳、清热解毒的功效。

视觉享受：★★　味觉享受：★★★　操作难度：★★

参芪砂锅鱼

TIME 50 分钟

菜品特点：汁浓味鲜　别有风味

主料： 活鳙鱼头（带一段鱼肉）750 克

配料： 党参、黄芪各 10 克，冬笋、水发香菇、熟火腿各 25 克，海米少许，料酒 10 克，盐、味精、胡椒面各适量，青蒜段、姜各 10 克，葱 20 克，熟猪油 50 克，高汤适量

操作步骤

①党参切段，黄芪切片，合煮，提取混合浓汁 20 克；鱼头去鳃，劈开洗净；冬笋、火腿切片；葱切段；姜切片。

②锅内放猪油，烧热，放入鱼头，煎成两面金黄色，再下入葱、姜稍煎，然后烹入料酒，放入高汤、盐、味精，调好口味。

③开锅后，鱼盛入砂锅内，再放冬笋片、火腿、香菇、胡椒面、海米及党参、黄芪浓缩汁，旺火煮沸后，移于微火炖 30 分钟左右，鱼头烂、汤汁浓时，再下青蒜段，淋少许熟油在青蒜段上即成。

操作要领

党参、黄芪还可以盛在纱布袋中，与鱼头一起炖，食用前先取出纱布袋，这样比较省事。

营养贴士

党参、黄芪能益气健脾，再用鳙鱼头来补虚，三者同用，可谓滋补保健佳肴。

主料： 河螺 250 克，虾 200 克，青椒 1 个

配料： 干辣椒 10 克，韭菜少许，姜、豆瓣酱、菜油、盐、味精各适量

操作步骤

①河螺洗净捞出；青椒洗净去籽切丝；韭菜切段；生姜切丝。

②在炒锅里倒入适量的菜油，开大火至六成熟，倒入生姜丝、干辣椒、豆瓣酱炒拌均匀，再倒入洗干净的河螺、虾翻炒，加盐，把河螺炒熟。

③倒入青椒丝、韭菜一起炒，放入少许味精调味即可。

操作要领

因为河螺里面有沙，所以在洗河螺时要经常换水，才能把河螺洗干净。

营养贴士

河螺含有丰富的维生素 B_1，可以防治脚气病，对喝生水引起的腹泻也有一定功效。田螺还有镇静神经的作用，感到精神紧张时，河螺是理想的食疗佳品。

视觉享受：★★　味觉享受：★★★★　操作难度：★★★

青椒炒河螺

TIME 30 分钟

菜品特点：肉质新鲜　口感脆嫩

海红菠菜粉丝煲

视觉享受：★★★
味觉享受：★★★★
操作难度：★

TIME 30分钟

主料： 海红 500 克，粉丝 40 克，菠菜适量

配料： 香菇 8 朵，姜丝少许，盐、香油各适量

操作步骤

①海红洗净，干锅煮至开口，取肉备用；菠菜和香菇分别在开水中焯一下，捞出过凉，挤干水分备用；粉丝用温水提前泡发。

②坐锅加温水，先放粉丝和海红肉，加姜丝煮开。

③加焯好的菠菜和香菇，煮开后关火，调入适量盐调味，滴少许香油出锅。

操作要领

因为这道菜有多种食材，所以放入的先后顺序不能乱，菠菜和香菇提前焯过，所以后放。

营养贴士

海红肉质鲜美，是富有营养的珍贵海产食品，素有“海中鸡蛋”之称。

蛏子蒸丝瓜

主料： 蛏子200克，丝瓜1根

配料： 葱、姜、蒜、香菜、盐、料酒、花生油各适量

操作步骤

①姜切丝；蒜剁成茸；葱切花；香菜切末。

②丝瓜去皮后，切成滚刀块，放入深一点的盆子里，然后把洗干净的蛏子铺在丝瓜上，放上姜丝和蒜茸，洒上盐、少许料酒，最后淋上花生油。

③大火把水烧开后，把整盆丝瓜蛏子放入锅内，大火蒸5~6分钟即可出锅，撒上少许葱花、香菜末即可。

操作要领

制作之前，先将蛏子放盐水里养几个小时，让它把沙吐尽，以免影响口感。

营养贴士

中医认为，蛏子肉味甘、咸，性寒，有清热解毒、补阴除烦、益肾利水、清胃治痢、产后补虚的功效；蛏子富含碘和硒，是甲状腺功能亢进病人及孕妇、老年人良好的保健食品。

主料： 海蟹1200克

配料： 鸡蛋清120克，高汤150克，葱50克，盐4克，味精2克，料酒10克，植物油50克，淀粉10克，辣椒油10克，小麦面粉20克

操作步骤

①活蟹宰杀洗净后剁成块，切口处蘸干面粉，放植物油中炸成浅金黄色。

②鸡蛋清加高汤150克、盐、味精、少许水淀粉调匀，放滑勺中炒熟为芙蓉。

③滑勺内加植物油烧热，即加入葱炒出香味，加入蟹块翻炒，烹料酒，倒入芙蓉翻炒，淋辣椒油出勺装盘。

操作要领

因有过油炸制过程，需准备植物油约1500克。

营养贴士

蟹是一种高蛋白的食物，其氨基酸结构接近人体需要，可以有效补充营养，适于术后、病后身体虚弱的人群食用。

芙蓉活蟹

豆瓣酱烧肥鱼

TIME 30分钟

菜品特点

香辣嫩
味鲜美

主料： 鲶鱼1500克

配料： 冬笋70克，香菇（鲜）25克，豆瓣辣酱、料酒各50克，盐、白砂糖各10克，醋、酱油、香油各15克，味精2克，葱、姜、蒜各15克，湿淀粉（豌豆）25克，高汤、植物油各适量

操作步骤

①鲶鱼处理洗净，切块，用盐、料酒腌一下后洗净；香菇、冬笋切成丝；葱、姜、蒜切成末。

②将植物油烧沸，把鲶鱼抹干水分，下入油锅炸到五成熟时捞出。

③锅中留底油，下入冬笋丝、香菇丝、姜末、蒜末和豆瓣辣酱，炒出香辣味，再放入鲶鱼、高汤、醋、酱油、糖和味精，烧开后用小火焖熟，用湿淀粉25克（淀粉13克加水12克）勾芡，装入鱼盘，撒上葱花，淋香油即成。

操作要领

因有过油炸制过程，需准备植物油约1000克。

营养贴士

鲶鱼含有丰富的蛋白质和矿物质等营养元素，具有补中气、滋阴、开胃、催乳、利小便的功效，是妇女产后食疗滋补的必选食物。

视觉享受：★★★ 味觉享受：★★★ 操作难度：★★

花椒鳝段

TIME 50 分钟

菜品特点 甜辣香鲜

主料： 鲜鳝鱼肉 500 克

配料： 葱段、姜片、干辣椒段各 5 克，葱末、姜末各 3 克，精盐 6 克，熟菜油 500 克（耗约 100 克），糖色 5 克，味精 2 克，花椒适量，绍酒 20 克，白糖 20 克，鸡汤 100 克

操作步骤

①去掉鳝鱼的头、尾，把鱼身切成 5 厘米长的段，加姜片、葱段、精盐、绍酒腌渍 30 分钟，拣去葱、姜。

②炒锅置旺火上，加入熟菜油烧至六成热，放入腌好的鳝鱼段，炸至呈金黄色时捞出。

③炒锅复置中火上，锅内留少许油，加干辣椒段、花椒炒出红油和香味，加入鳝鱼段、鸡汤、精盐、绍酒、白糖、糖色，用中火烧至成浓汁，加上味精、葱末、姜末，翻炒均匀，装盘即成。

操作要领

选择鳝鱼的时候，选小一点的，这样比较容易酥，口感也更佳。

营养贴士

鳝鱼含有多种人体必需的氨基酸和不饱和脂肪酸，能有效为人体补充营养；鳝鱼中维生素 A 的含量丰富，可以保护视力，防治夜盲症，并促进皮膜的新陈代谢。

主料： 鳝鱼 400 克

配料： 香椿 100 克，姜丝 10 克，胡椒粉、味精、湿淀粉（玉米）各 5 克，黄酒、酱油各 8 克，盐 3 克，香油 10 克，菜籽油、猪油（炼制）各 15 克，红椒圈适量，高汤 200 克

操作步骤

①鳝鱼去骨，切粗丝；香椿去尾部老茎，切细末。

②炒锅置旺火上，下菜籽油，烧六成热，泡沫散尽后，放进姜丝、辣椒、鳝鱼丝、黄酒爆炒，出香味即加高汤，倒入猪油、胡椒粉、盐、酱油、黄酒移至中火上慢烧。

③烧至汁浓油亮时，移锅旺火上，下香椿煸炒半分钟，下湿淀粉、香油、味精，起锅装碟即可。

操作要领

剖洗鳝鱼时，应用开水烫去鱼身上的滑腻物。

营养贴士

香椿是时令名品，可健脾开胃、增加食欲，也是抗衰老和补阳滋阴的美食，与鳝鱼搭配，具有壮腰健肾，养肝明目的功效。

视觉享受：★★★ 味觉享受：★★★ 操作难度：★★

椿芽鳝鱼丝

TIME 15 分钟

菜品特点 清脆爽口

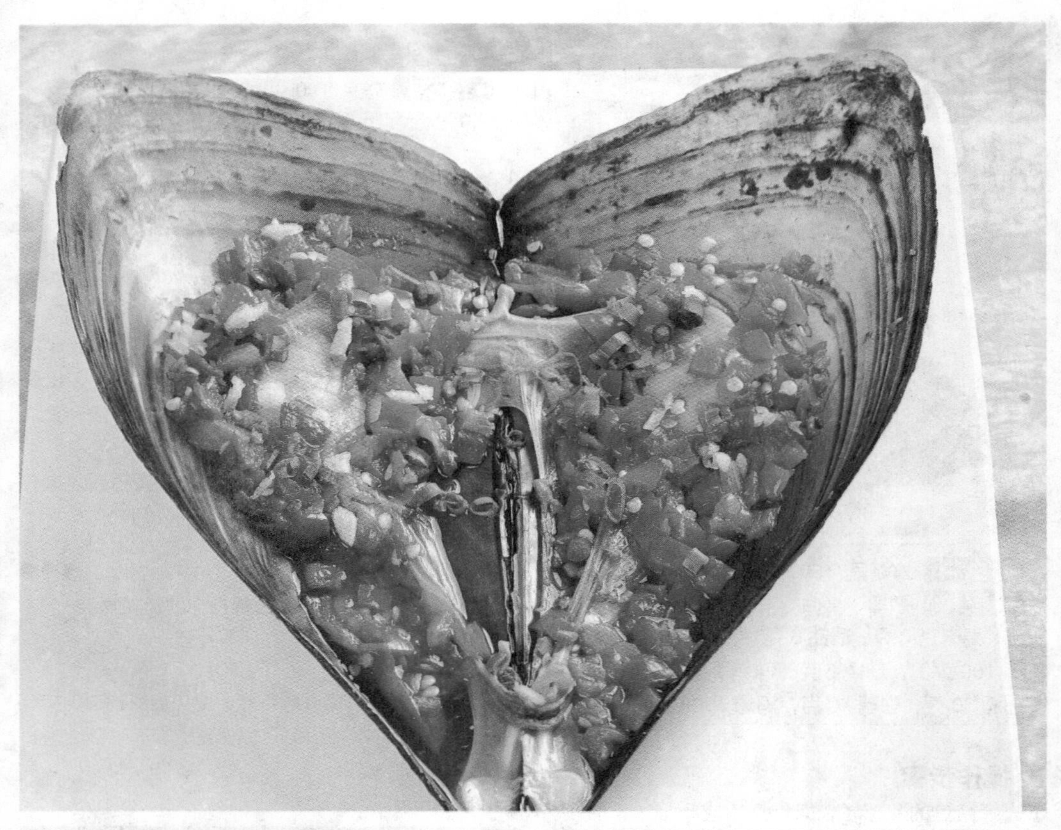

剁椒蒸带子

TIME 12分钟

视觉享受：★★★
味觉享受：★★★★
操作难度：★★

主料： 鲜活带子6只

配料： 花生油120克，剁椒50克，蒜末20克，葱花3克，味精5克，胡椒粉3克，蚝油3克，姜末1克，湿淀粉5克

操作步骤

①把带子洗净，一面打上深1/4的十字花刀。

②锅中放50克油烧至六成热，放蒜末炒香，倒入碗中，然后把剁椒、味精、胡椒粉、蚝油、姜末、湿淀粉放入碗中，一起调成芡汁待用。

③将带子肉淋上调好的芡汁，上笼用旺火蒸5分钟，出笼撒上葱花，将剩余的花生油烧至七成热淋上即成。

操作要领

烹制中最重要的火候与油温运用，不需要加盐，芡汁要调均匀；另外，这道菜加上粉丝，也别具风味。

营养贴士

带子的营养非常丰富，高蛋白、低脂肪。带子易消化，是晚餐的最佳食品。

蔬菜类

酸辣玉芦笋

TIME 12分钟

视觉享受：★★★
味觉享受：★★★
操作难度：★

菜品特点
口味酸辣
质地脆嫩

主料： 芦笋200克
配料： 精盐2克，醋、辣椒油各50克

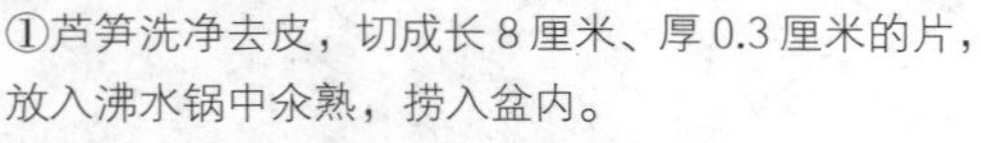

操作步骤

①芦笋洗净去皮，切成长8厘米、厚0.3厘米的片，放入沸水锅中氽熟，捞入盆内。
②取一小碗，放入精盐、辣椒油、醋，调成酸辣味汁。
③将调好的味汁倒入芦笋中装盘即可，吃时拌匀。

操作要领

调制酸辣味时必须保证精盐的用量，才能充分突出酸味。

营养贴士

芦笋富含多种氨基酸、蛋白质和维生素，其含量均高于一般水果和蔬菜，特别是芦笋中的天冬酰胺和微量元素硒、钼、铬、锰等，具有调节机体代谢的功效。

视觉享受：★★★ 味觉享受：★★★ 操作难度：★★

干烧冬笋

TIME 20分钟

主料： 冬笋500克

配料： 胡萝卜15克，泡发香菇少许，葱末、青豆、高汤、料酒、豆瓣酱、盐、白糖、味精各适量

操作步骤

①冬笋切片，剞十字花刀后切粗长条；香菇、胡萝卜切丁；豆瓣剁碎。

②冬笋片、香菇丁、胡萝卜丁、青豆分别下开水中煮透捞出。

③用葱末炝锅，下豆瓣酱炒出红油，加料酒、高汤、盐、白糖烧开，放入冬笋片、香菇丁、胡萝卜、青豆，烧开后用小火煨10分钟，改中火收汁，至汁尽油清时装盘即成。

操作要领

最好选用鲜嫩的笋尖，煨制时要用小火，火大冬笋不易入味。

营养贴士

竹笋营养丰富，含有蛋白质、脂肪、糖、钙、磷、铁和多种维生素，烹制菜肴用途广泛，广受人们青睐。

视觉享受：★★★ 味觉享受：★★★ 操作难度：★★

蒜泥浇茄子

TIME 20分钟

主料： 茄子750克

配料： 大蒜1头，酱油、香油、盐、味精各适量

操作步骤

①将茄子洗净削皮，切成块，放入蒸锅蒸大约15分钟，放盘中晾凉待用。

②大蒜剥皮，剁成茸，放入碗中，加入酱油、香油、盐、味精拌匀做成汁。

③将调味汁倒在茄子上即可。

操作要领

茄块要大小适中，尤其不能过大。

营养贴士

中医学认为，茄子属于寒凉性质的食物，所以夏天食用有助于清热解暑，对于容易长痱子、生疮疖的人，尤为适宜；消化不良、容易腹泻的人，则不宜多食。

醋香蒸茄子

视觉享受：★★★★
味觉享受：★★★
操作难度：★

主料： 长茄子1根

配料： 大蒜2瓣，香菜少许，香醋10克，生抽、芝麻香油、辣椒油各5克，盐3克，胡椒粉1克

操作步骤

①长茄子洗净，切成0.5厘米厚的圆片，放入盆中加入盐和清水浸泡15分钟；大蒜洗净切碎。

②将长茄子片均匀地码入盘中，放入微波炉中，以中火蒸制5分钟至熟，取出撒上蒜碎。

③香醋盛入碗中，移入微波炉中加热30秒取出，加入生抽、芝麻香油、辣椒油和胡椒粉混合搅匀，浇在蒸好的茄子上，放上香菜即可。

操作要领

茄片不宜切太厚，否则盐不好渗入，影响最后的口感。

营养贴士

茄子又名落苏、伽子，是为数不多的紫色蔬菜之一，也是餐桌上十分常见的家常蔬菜，和一般蔬菜相比，茄子有着独特的营养价值，可活血消肿、清热止痛。

青椒炒茄子

主料： 茄子1根，青椒1个

配料： 蒜、盐、味精、植物油各适量

操作步骤

①将茄子洗净去皮，切成薄片；青椒切块备用；蒜切末。

②炒锅置于火上，倒入适量植物油烧至六成热，放入茄子炸至金黄色，沥油后装盘，然后把青椒也过一下油，沥油后也放入盘中。

③锅内留底油，爆香蒜末，加入茄子、青椒略炒，调入盐、味精调味即可。

操作要领

茄子连皮吃营养更丰富，因此也可以不去皮，将茄子切成两段后对半剖开，切十字花刀也可。

营养贴士

茄子的营养比较丰富，含有蛋白质、脂肪、碳水化合物、维生素以及钙、磷、铁等多种营养成分。

主料： 茄子500克

配料： 胡萝卜、辣椒、蒜各少许，植物油、蚝油、鱼露、淀粉、麻油、食盐各适量

操作步骤

①茄子洗净，横刀切片；胡萝卜洗净切丁；蒜切碎；辣椒切圈。

②将茄子摆放在碟上，隔水蒸10分钟。

③热锅下植物油，爆香蒜末、辣椒、胡萝卜，加入适量的水煮沸，加入蚝油、鱼露、淀粉、水、麻油、食盐勾芡，淋在茄子上面即可。

操作要领

茄子切片时不用切断，每片都要连在一起。

营养贴士

茄子除含有蛋白质、脂肪、碳水化合物及钙、磷、铁等多种营养成分外，还含有大量维生素P，它能使血管壁保持弹性和生理功能，有助于保护心血管，防止血管硬化和破裂。

蚝油蒸白茄子

腐竹烧扁豆

TIME 15分钟

主料： 扁豆200克

配料： 水发腐竹100克，香菇、牛肉末、胡萝卜各少许，葱花、姜末、蒜末、盐、白糖、酱油、蚝油、植物油、淀粉、料酒、胡椒粉各适量

操作步骤

①将扁豆摘洗净后切成块，过植物油炸一下捞出备用；牛肉末中加入盐、酱油、料酒、油搅拌均匀，腌渍片刻，胡萝卜洗净，切成绿豆大小的小丁。

②坐锅点火倒油，将牛肉末放入煸炒至变色后，加入葱花、姜末、蒜末、香菇、腐竹、胡萝卜丁翻炒，加盐、料酒、蚝油、胡椒粉、白糖调味，再放入扁豆翻炒，淀粉勾芡炒匀即可。

操作要领

扁豆一定要煮熟以后才能食用，否则可能出现食物中毒现象。

营养贴士

扁豆的营养成分相当丰富，包括蛋白质、脂肪、糖类、钙、磷、铁、钾及食物纤维、维生素A、维生素B_1、维生素B_2、维生素C和氰甙、酪氨酸酶等，扁豆衣的B族维生素含量特别丰富。

视觉享受：★★★ 味觉享受：★★★★ 操作难度：★★

粉蒸四季豆

主料： 四季豆 300 克

配料： 清鸡汤适量，油 20 克，五香蒸肉米粉 120 克，生抽 15 克，豆瓣酱、白糖各适量

操作步骤

①四季豆择去头尾，撕去老筋，洗净切成两段；取小碗，加入五香蒸肉米粉、生抽、豆瓣酱、油、白糖和清鸡汤，调匀备用。

②将四季豆放入大碗内，与粉蒸酱汁一同抓匀，静置 30 分钟待用。

③将四季豆排放于盘中，均匀地淋上粉蒸酱汁，盖上一层保鲜膜。

④烧开锅内的水，放入粉蒸四季豆，加盖，大火隔水清蒸 15 分钟，取出，撕去保鲜膜，即可上桌。

操作要领

蒸肉米粉和鸡汤的比例为 1∶2，因为米粉经高温清蒸后，会吸收大量的汤汁，使成菜变得很干。

营养贴士

四季豆有调和脏腑、安养精神、益气健脾、消暑化湿和利水消肿的功效。

主料： 豇豆 300 克

配料： 植物油 50 克，蒜少许，盐、糖、豆豉各适量

操作步骤

①将豇豆择去筋和两头，洗净，切丁；大蒜拍碎。

②炒锅放入植物油烧热，爆香豆豉和蒜碎，加入豇豆略炒，放入盐和糖调味即可。

操作要领

翻炒的时候一定要迅速，只有这样味道才最佳。

营养贴士

豇豆含丰富的 B 族维生素、维生素 C 和植物蛋白质，能调理消化系统，提高机体抗病毒的能力。

视觉享受：★★ 味觉享受：★★★ 操作难度：★★

豆豉炒豇豆

TIME 50分钟

菜品特点

健脾开胃

红椒拌金针菇

TIME 10分钟

主料： 金针菇 250 克

配料： 红尖椒、大蒜各少许，盐、醋、香油各适量

操作步骤

①金针菇用沸水焯熟，捞出沥干水备用。

②尖椒切丝备用；大蒜做成蒜泥备用。

③把金针菇、红尖椒丝放入调拌容器中，加适量盐、醋、蒜泥、香油调拌均匀即可食用。

操作要领

金针菇在沸水中烫的时间不要过长。

营养贴士

金针菇含有人体必需氨基酸成分较全，其中赖氨酸和精氨酸含量尤其丰富，且含锌量比较高，对增强智力尤其是对儿童的身高和智力发育有良好的作用。

视觉享受：★★ 味觉享受：★★★ 操作难度：★★

粉蒸马齿苋

TIME 20分钟

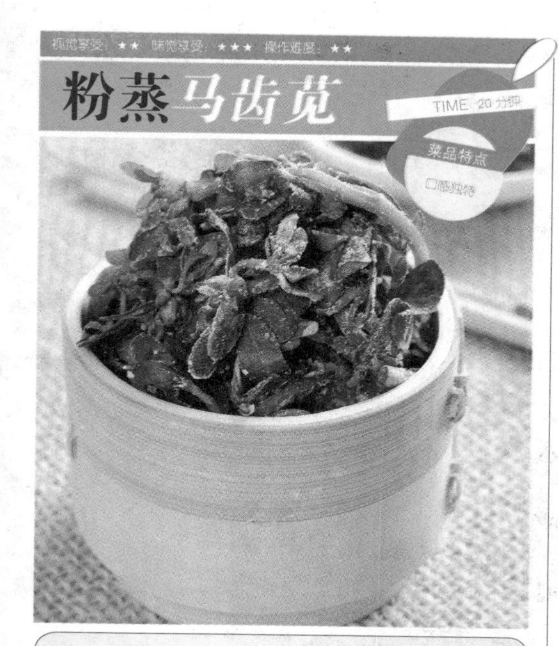

主料： 马齿苋500克

配料： 植物油、盐、芝麻油、生抽、鲜贝露调味汁、酱油、辣椒酱、蒜、面粉、玉米面、香醋各适量

操作步骤

①马齿苋洗净控水，然后加少许植物油拌匀，再加适量面粉拌匀，再加少量玉米面。

②凉水入锅，开大火蒸，中间挑散一次。

③蒜切末，加盐、芝麻油、酱油、鲜贝露调味汁、生抽、香醋、辣椒酱全部搅拌均匀，腌渍入味，吃的时候浇到蒸好的马齿苋上拌匀即可。

操作要领

马齿苋加植物油先拌一拌，能避免粘连，拌好面粉后，要每一根上都沾上面粉；中间挑散一次也是为了避免粘连。

营养贴士

马齿苋含有丰富的维生素A、维生素C、核黄素等维生素和钙、铁等矿物质，其ω-3脂肪酸含量在绿叶菜中占首位，具有很高的营养价值和药用价值。

主料： 苦瓜300克

配料： 干辣椒丝15克，香醋15克，白糖10克，鸡精3克，植物油、食盐各适量，香油少许

操作步骤

①苦瓜洗净，对半剖开，去除瓤、籽，切成长条，放入加有少许食盐的清水中浸泡。

②苦瓜放入沸水中焯水至断生，捞出过凉水，沥干水分，放入碗中，加入白糖、鸡精、食盐。

③锅中放入植物油，以中小火烧热，放入干辣椒丝爆出香味，浇到苦瓜上，再调入香醋、香油拌匀即可。

操作要领

苦瓜放在盐水中浸泡一会儿能够减少苦涩口感，提升脆感。

营养贴士

苦瓜是一种药食两用的食疗佳品，尤其对糖尿病的治疗效果不错，所以苦瓜也有"植物胰岛素"的美誉。

视觉享受：★★★ 味觉享受：★★★ 操作难度：★★

清拌苦瓜

TIME 10分钟

清蒸冬瓜球

TIME 15分钟

主料： 冬瓜500克

配料： 胡萝卜1根，玉米淀粉、鸡汤、盐、糖、鸡油各适量

操作步骤

①把生冬瓜切成长方形，大小与砖头类似，用挖球器逐层挖球；胡萝卜切成叶片状，过沸水焯一下。

②将冬瓜球在滚开的鸡汤里烫一下，放入蒸锅蒸四分钟，取出放到胡萝卜中心，摆成葡萄形或其他好看形状。

③把鸡汤、盐、糖和鸡油混合熬煮，制成一份简单的酱汁，加玉米淀粉使之变浓稠，浇在整盘菜肴上即可。

操作要领

挖出一层后，须把凹凸不平的表面铲平，才能开始挖下一层；冬瓜球在鸡汤里烫一下会去掉冬瓜的苦味。

营养贴士

冬瓜减肥法自古就被认为是不错的减肥方法，冬瓜与其他瓜果不同的是，它不含脂肪，并且含钠量极低，有利尿排湿的功效。

视觉享受：★★★ 味觉享受：★★★ 操作难度：★★

什锦炒冬瓜

TIME 10分钟

菜品特点：色彩鲜艳 营养全面

主料： 冬瓜300克

配料： 胡萝卜、水发木耳、彩椒（红）各50克，丝瓜30克，料酒、湿淀粉各15克，葱姜汁10克，精盐、鸡精各3克，味精2克，胡椒粉0.5克，清汤100克，植物油25克

操作步骤

①冬瓜、胡萝卜、彩椒均切成花边薄片；丝瓜斜切片；用料酒5克、精盐0.5克腌渍入味，再用湿淀粉5克拌匀上浆。

②锅内放植物油烧热，下入木耳煸炒，烹入葱姜汁和余下的料酒，加清汤烧开，下入冬瓜片、胡萝卜片、丝瓜片炒至微熟。

③收浓汤汁，加入余下的精盐和鸡精，炒匀至熟，加味精、胡椒粉，用余下的湿淀粉勾芡，出锅装盘即成。

操作要领

木耳要提前用水泡发，炒的时候可先放入油锅煸炒。

营养贴士

这道菜配料丰富，非常有营养，如能在每日的餐桌上都能有一道什锦素菜便是一种很好的饮食习惯。

主料： 鲜香菌200克，青、红尖椒各50克

配料： 鸡油20克，盐适量

操作步骤

①青、红尖椒斜刀切片；香菌撕片，放鸡油，放适量盐，拌匀。

②蒸锅里放水烧沸后，将青、红尖椒和香菌上笼大火蒸约20分钟即可。

操作要领

如果没有鸡油，就用鸡精代替，并另外加放两大勺大豆油。

营养贴士

香菌即香菇，是具有高蛋白、低脂肪、多糖、多种氨基酸和多种维生素的菌类食物，可以提高机体免疫功能、延缓衰老等。

视觉享受：★★★ 味觉享受：★★★ 操作难度：★★

青椒蒸香菌

TIME 25分钟

菜品特点：尖椒清香 香菌鲜美

山药烩香菇

视觉享受：★★★
味觉享受：★★★
操作难度：★★

主料： 山药300克，新鲜香菇100克

配料： 胡萝卜100克，红枣10克，葱1根，食用油30克，酱油、胡椒粉、精盐各适量

操作步骤

①胡萝卜洗净，去皮，切成薄片；香菇洗净，切薄片；红枣洗净，泡水；葱洗净，切段。

②山药洗净，去皮，切成薄片，放入水中加精盐浸泡。

③锅中倒入食用油烧热，爆香葱段，捞出葱段，放入山药、香菇及胡萝卜炒匀，加入红枣及酱油，用中火焖煮10分钟至山药、红枣熟软，再加入精盐和胡椒粉调匀，即可盛出。

操作要领

山药切片后需立即泡入盐水中，以防止氧化变黑。

营养贴士

山药可健脾养胃，香菇能软化血管，红枣可益气补血，故这道菜营养丰富，是一道非常健康的美食。

主料： 佛手瓜 500 克

配料： 熟芝麻 15 克，盐适量，红油材料：菜籽油 150 克、干辣椒碎 50 克、花椒粒 20 克、八角 3 颗

操作步骤

①佛手瓜洗净切丝，放入沸水中焯烫一下，捞起盛盘，瓜蒂切成花型放在盘边。

②把所有红油材料放入锅内，用小火慢熬至辣椒碎呈暗色，用网筛沥出红油。

③取适量红油，加入所有盐和熟芝麻，直接浇入佛手瓜上即可。

操作要领

熬红油的时候要用小火慢慢熬，不能熬煳。

营养贴士

佛手味辛、苦，性温，具有和中止痛、化痰止咳的功效。

主料： 南瓜 400 克

配料： 雪菜、冬笋、肉末、葱末、姜末、蒜末、香菇各少许，植物油、盐、鸡精、胡椒粉、酱油、料酒、白糖各适量

操作步骤

①将南瓜去皮切成块，入锅中炸至金黄色捞出备用；冬笋、香菇切片。

②坐锅点火倒入植物油，油热后下肉末煸炒，加入葱末、姜末、蒜末煸香，放入香菇、冬笋、雪菜翻炒，加盐、酱油、料酒、胡椒粉、白糖、鸡精调味，将炸好的南瓜放入，烹入料酒，烧至汤汁变浓即可出锅。

操作要领

炒的时候，先放配菜，最后放炸过的南瓜。

营养贴士

中医认为南瓜性温、味甘、无毒，其肉可润肺补中、治疗多种疾病。

柠汁青瓜

主料： 青瓜200克，柠檬汁、鲜柠檬片各适量

配料： 白糖15克，白醋10克，食盐3克，凉开水50克

操作步骤

①新鲜的青瓜洗净去皮，切去尾部，切成长条。

②将青瓜条放入盆中，加入食盐、白糖、白醋、柠檬汁、鲜柠檬片，再加入凉开水，泡制2小时，捞起码入盘中即可。

操作要领

可用蜂蜜代替白糖，这样吃起来更营养、健康。

营养贴士

青瓜中含有丰富的维生素E，可起到延年益寿、抗衰老的作用；青瓜中的青瓜酶，有很强的生物活性，能有效地促进机体的新陈代谢。

花生仁拌芹菜

主料： 芹菜300克，花生米200克

配料： 植物油250克（实耗15克），花椒油、酱油各15克，精盐6克，味精2克

操作步骤

①锅内放入植物油烧热，放入花生米，炸酥时捞出，搓去红色外衣。

②将芹菜择去根、叶，洗净，切成1厘米长的段，放入开水里烫一下，捞出，用凉水过凉，控净水分。

③将炸好的花生米和芹菜段放入碗中，将酱油、精盐、味精、花椒油放在小碗内调好，浇在菜肴上，吃时调拌均匀即成。

操作要领

炸花生米时要控制好时间，不要炸焦了。

营养贴士

芹菜是高纤维食物，它经肠内消化作用产生一种木质素或肠内脂的物质，这类物质是一种抗氧化剂，常吃芹菜，可以有效帮助皮肤抗衰老，达到美白护肤的功效。

主料： 春笋400克，鲜香菇50克，鲜黄花菜50克

配料： 色拉油50克，鸡油10克，精盐3克，鸡精3克，胡椒粉2克，高汤750克

操作步骤

①春笋、鲜香菇洗净，分别切成条状，然后将春笋放入沸水中大火氽20秒，取出备用；将香菇和黄花菜放入沸水中大火氽1分钟，取出备用。

②锅中放入色拉油，热至七成热时放入春笋，大火煸炒1分钟，加入高汤大火烧开，然后放入香菇、黄花菜、精盐、鸡精用中火煮2分钟，淋鸡油，倒入汤盆内，撒上胡椒粉即可。

操作要领

鲜黄花菜一定要用沸水氽透，否则吃后容易中毒。

营养贴士

黄花菜性凉，味甘，有止血、消炎、清热、利湿、消食、明目、安神等功效，可作为病后或产后的调补品。

水煮三鲜

芙蓉银耳

TIME 60分钟

菜品特点

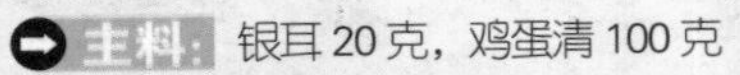

主料： 银耳20克，鸡蛋清100克

配料： 牛奶1瓶，鸡汤适量，料酒、盐、葱花各适量，水淀粉少量，豆苗（装饰，可不要）少许

操作步骤

①将蛋清、牛奶和半斤鸡汤倒入碗里，加少许精盐，搅匀后上笼蒸，蒸至呈奶酪状，为芙蓉底，取出备用；豆苗过开水备用。

②用温水发开银耳，去蒂及杂物，沥干放碗中，加水半碗，上蒸笼或隔水炖约20分钟。

③将鸡汤入锅，加少许葱花、料酒、细盐，炖成一大碗浓鸡汤，将银耳连汁倒入鸡汤，待烧滚后加入少量水淀粉勾芡，银耳捞出，盛在芙蓉底上，撒上豆苗即成。

操作要领

要将银耳清洗干净，否则不但影响美观，还影响口感。

营养贴士

银耳的营养成分相当丰富，含有蛋白质、脂肪和多种氨基酸、矿物质，具有强精、补肾、润肠、益胃、补气、和血、强心、壮身、补脑、提神、美容、嫩肤、延年益寿的功效。

花生仁炖百合

主料： 花生仁 80 克，干百合 20 克

配料： 冰糖适量

操作步骤

①花生仁泡水，放隔夜，取出沥干水分备用。

②百合泡水 1 小时变软，沥干水分备用。

③将花生仁、百合、冰糖和适量水放入锅内煮熟即可。

操作要领

做之前，花生仁和百合都要提前泡好。

营养贴士

百合不仅具有良好的营养滋补的功效，而且还对秋季气候干燥而引起的多种季节性疾病有一定的防治作用，中医上讲鲜百合具有养心安神、润肺止咳的功效，对病后虚弱的人非常有益。

主料： 嫩菠菜 300 克

配料： 葱花 5 克，姜丝 5 克，植物油 20 克，酱油 10 克，精盐 3 克，料酒 15 克，味精 2 克，干辣椒 2 个

操作步骤

①将菠菜洗净，根部用刀劈开，然后切成 3 厘米长的段，用沸水稍烫一下，捞出，沥开水分；干辣椒切段。

②炒锅上火，倒入植物油烧至七成热时，用葱花、姜丝和干辣椒炝锅，然后倒入菠菜，加入酱油、精盐、料酒、味精调味，颠翻均匀出锅即成。

操作要领

菠菜要选嫩的，稍微焯一下，就马上盛出。

营养贴士

此菜具有益气补血的功效。

清炒菠菜

青椒玉米粒

TIME 15分钟

主料： 玉米1根，青椒1个

配料： 植物油、盐、水淀粉各适量

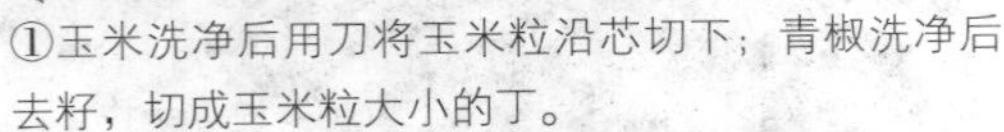

操作步骤

①玉米洗净后用刀将玉米粒沿芯切下；青椒洗净后去籽，切成玉米粒大小的丁。

②锅中放植物油烧热，先把青椒煸一下，变色后把玉米粒倒进。

③玉米粒炒匀加盐调味，最后倒进水淀粉勾芡，炒匀即可。

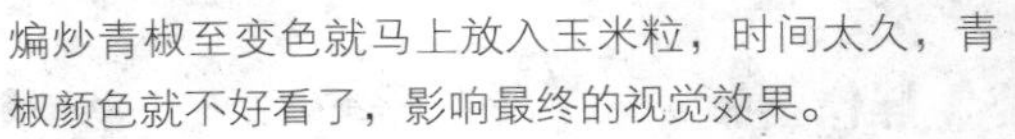

操作要领

煸炒青椒至变色就马上放入玉米粒，时间太久，青椒颜色就不好看了，影响最终的视觉效果。

营养贴士

玉米所含的“全能营养”适合各个年龄段的人群食用，其丰富的谷氨酸能促进大脑发育，是儿童最好的“益智食物”；所含B族维生素能调节神经，是适合白领的“减压食品”；所含丰富的维生素E也能抗衰老、软化血管。

视觉享受：★★ 味觉享受：★★★ 操作难度：★★

烧拌辣椒

TIME 15分钟

菜品特点：开胃消食

主料： 柿子椒 250 克

配料： 香油 8 克，盐 5 克，味精 5 克，醋 3 克

操作步骤

①将柿子椒洗净去籽切块。

②将炒锅烧热，放柿子椒下锅用小火炒。

③表皮变色后关火，放入盐、味精、醋炒匀，淋上香油上碟即可。

操作要领

柿子椒下锅炒的时候不要放油，这样才是烧拌。

营养贴士

柿子椒果实中含有极其丰富的营养，含有非常丰富的维生素 C 和维生素 K；其含有的抗氧化维生素和微量元素，能增强人的体力，缓解因工作、生活压力造成的疲劳。

主料： 青尖椒 500 克

配料： 植物油、白糖、醋、盐各适量。

操作步骤

①青尖椒洗净，去蒂，锅中放植物油烧至八成热，倒入青椒慢慢翻炒，炒至青椒表皮呈虎皮黄，放盐继续翻炒。

②炒至蔫软时，熄火放白糖、醋，翻匀。

③起锅装盘即可食用。

操作要领

在青椒炒至呈虎皮黄色时放入盐，使之更好入味。

营养贴士

辣椒含有丰富的维生素等营养物质；食用辣椒能增加饭量，增强体力，改善怕冷、冻伤、血管性头痛等症状。

视觉享受：★★ 味觉享受：★★★★ 操作难度：★★

糖醋虎皮辣椒

TIME 15分钟

菜品特点：外焦里嫩 口感甜辣

日式清心蔬菜

TIME 30分钟

主料： 竹笋20克，干香菇4朵，莲藕片20克，四季豆10克，红萝卜20克，金针菇10克

配料： 细砂糖15克，味醂15克，酱油适量，昆布柴鱼高汤200克

操作步骤

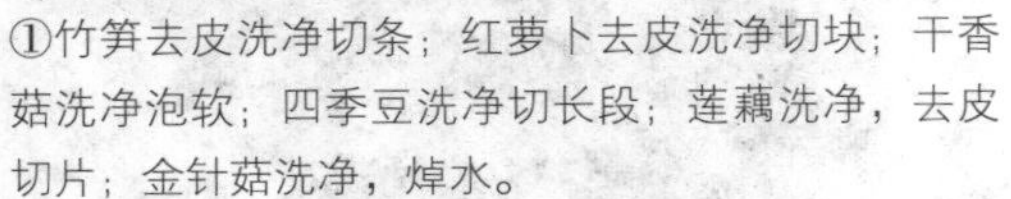

①竹笋去皮洗净切条；红萝卜去皮洗净切块；干香菇洗净泡软；四季豆洗净切长段；莲藕洗净，去皮切片；金针菇洗净，焯水。

②将所有材料与调味料放入汤锅中拌匀，以中火煮开后转小火，炖煮约20分钟至入味即可。

操作要领

先用中火煮开，再用小火慢炖，这样蔬菜才能慢慢入味。

营养贴士

竹笋被认为是营养价值高的食物，具有净化肠胃的作用，也是最自然、清心的食物，属阳性食物。芦笋和胡萝卜含有丰富的维生素C、胡萝卜素，有防止血压升高和血管硬化的作用。

视觉享受：★★★ 味觉享受：★★★★ 操作难度：★★

砂锅炖菜心

主料： 油菜心60克

配料： 香菇3朵，冬笋片、火腿片各少许，植物油、干贝汁、料酒、香油各适量，盐、味精各少许，鸡汤900克

操作步骤

①油菜心洗净，菜头削成橄榄形，剖十字刀。

②炒锅中放植物油烧热，将菜心放入滑油至菜叶鲜绿、菜梗微透明时，捞起沥油；余油顺便爆香香菇。

③将菜心根部向外、叶梢朝锅中央整齐排入砂锅内，再将冬笋片、火腿片、香菇依次码在菜心上，撒上干贝汁，放入精盐、料酒，加鸡汤烧沸，微火炖10分钟左右，加味精，淋入香油即成。

操作要领

菜心滑油的时间不要太长。

营养贴士

干贝味道鲜美，脂肪含量很少，富含EPA和DHA，以脑力劳动为主的白领阶层应适当多吃，有助于减轻脑疲劳，提高免疫力。

主料： 白萝卜250克，胡萝卜1根，香菇10朵，洋菇10朵，马铃薯250克，小黄瓜2根，玉米笋12条，青芦笋20条，菜心少许

配料： 上汤、生粉、鸡油、盐各适量

操作步骤

①将胡萝卜、白萝卜、马铃薯洗净去皮切片；青芦笋、小黄瓜去皮洗净切条；香菇、洋菇切块；玉米笋挖成球形；菜心洗净备用。

②将以上用料用滚水烫煮8分钟后捞出，泡在冷水中。

③起油锅放下芦笋以外的用料爆炒后加入上汤，大火煮3分钟，再将芦笋放下并加盐调味，再煮20秒钟，用生粉水勾芡后推进大碟内，并将玉米笋分开，与芦笋相对摆好在四周，淋下少许鸡油即可。

操作要领

芦笋要在起锅前1分钟内放入，才能保证清脆口感。

营养贴士

这道菜含有多种蔬菜，营养丰富又全面，非常适合日常食用。

视觉享受：★★★★ 味觉享受：★★★★ 操作难度：★★

成都素烩

清蒸白菜花

主料： 白菜花300克

配料： 特纯橄榄油20克，新鲜面包屑100克，红辣椒、荷兰芹（洋香菜）各少许，盐和胡椒粉各适量

操作步骤

①白菜花掰成小朵；红辣椒、荷兰芹切碎。

②锅置火上加水煮沸，放上蒸笼，将白菜花放入蒸笼内，蒸15分钟，至嫩熟。

③取一炒锅，下橄榄油加热，放入面包屑，轻轻拌炒，至面包屑表面均匀地裹上油，中火翻炒约10分钟，将面包屑煎至酥脆。

④将白菜花盛入大餐盘，用盐和胡椒粉为面包屑调味，拌入红辣椒和荷兰芹碎，撒在白菜花上，即可上桌。

操作要领

煎煮面包屑时要轻轻搅拌，起初吸入油的面包屑会将油释放出来，使其它面包屑也能均匀地沾到油。

营养贴士

白菜花含有丰富的氨基酸及人体必需的钙、铁等元素，其味清香鲜美，能提神生津、增进食欲。

主料： 菜花 250 克

配料： 山楂罐头 250 克，白糖 50 克

操作步骤

①将菜花掰成小朵，洗净后，投入沸水锅中焯熟，捞出，控去水分，放入盘内。

②打开山楂罐头，连汁一起浇在菜花上，加入白糖搅拌均匀即成。

操作要领

菜花焯水，断生后立即捞出，以保菜花清脆。

营养贴士

山楂的主要成分是黄酮类物质，对心血管系统有明显的药理作用；山楂中脂肪酶可促进脂肪分解；山楂酸等可提高蛋白分解酶的活性，有帮助消化的作用。

主料： 山药 300 克，香菇 100 克

配料： 胡萝卜 200 克，芹菜、彩椒、小白菜各少许，植物油、盐各适量

操作步骤

①将山药削皮切片；胡萝卜切片；彩椒去籽切片；新鲜香菇氽烫后切成大片；芹菜、小白菜切段。

②锅里放少量植物油，先炒胡萝卜、芹菜、小白菜、彩椒和香菇，后放山药翻炒，可加入适量水，最后用盐调味就可以了。

③喜欢的话，勾一点薄芡，这道烩菜会更诱人。

操作要领

因为山药比较好熟，所以最后入锅翻炒。

营养贴士

山药有补脾养胃、生津益肺的功效，红萝卜、芹菜等也都富含多种维生素，这道山药百烩可谓营养丰富。

清汤白菜卷

TIME 20分钟

菜品特点 鲜香可口

观赏享受：★★★
味觉享受：★★★
操作难度：★★

主料： 白菜 500 克，豆腐 100 克

配料： 鸡蛋 60 克，黄豆粉 20 克，味精、胡椒粉、盐各 2 克，辣椒酱适量

操作步骤

①把豆腐、鸡蛋、辣椒酱、胡椒粉、味精、盐、黄豆粉调成茸。

②白菜洗净去硬梗，入沸水锅中焯一下捞出，沥干水分，将白菜摊开，放入调好的豆粉茸裹成卷，上笼蒸 5 至 10 分钟。

③取出切成 3~4 厘米长的段，先码入蒸碗内，再入笼蒸熟，翻扣入盘即成。

操作要领

依据个人口味，辣椒酱可放可不放，但是调料里一定不能放葱，因为葱与豆腐一起烹调，会生成容易形成结石的草酸钙。

营养贴士

白菜、豆腐、鸡蛋、黄豆粉分别含有满足人体所需的不同营养成分，既有蛋白质、脂肪，也有丰富的维生素和膳食纤维，因此，这道菜营养价值非常高。

视觉享受：★★★★ 味觉享受：★★★★ 操作难度：★★

剁椒蒸香芋

TIME 20分钟

菜品特点

色香味俱全

主料： 香芋400克

配料： 剁椒、盐、鸡精、豆豉、姜、蒜、葱、植物油、蚝油各适量

操作步骤

①香芋去皮，洗净后切成菱状块；姜、蒜、葱洗净切末。

②锅内热植物油至六成热时，下入芋头，中火煸干水分，盛出备用；剁椒加盐、姜末、蒜末、蚝油、鸡精、豆豉拌匀，用热油浸泡至熟，晾凉备用。

③将冷却的剁椒汁浇在香芋块上，入笼蒸8分钟，出笼撒上葱花即成。

操作要领

芋头煸炒的时候要注意油温与火候，而且时间不要过长，煸干水分即可。

营养贴士

香芋含有较多的粗蛋白、淀粉、聚糖、粗纤维和糖，香芋中的聚糖能增强人体的免疫机制，增强对疾病的抵抗力，长期食用能解毒、滋补身体。

主料： 大白菜心500克

配料： 白糖100克，醋50克，红干辣椒15克，酱油10克，盐10克，姜10克，植物油适量

操作步骤

①将大白菜心切成丝；姜、干红辣椒均切成细丝，待用。

②将大白菜心用开水烫一下，过凉，捞出，挤去水分，放入盆内。

③锅内放入植物油，烧热后下入干红辣椒，先炸一下，再下入姜丝略炸，加入醋、白糖、酱油、盐，烧开后，将汁晾一下，浇在大白菜上即成。

操作要领

大白菜心切丝时不要太细，要粗一点，否则，过开水、挤去水分后，形态不够美观。

营养贴士

大白菜具有较高的营养价值，含有丰富的维生素C、钙和膳食纤维，对于护肤、养颜、防止女性乳腺癌、润肠排毒、促进人体对动物蛋白的吸收等都有极大功效。

视觉享受：★★★ 味觉享受：★★★ 操作难度：★★

糖醋辣白菜

TIME 10分钟

菜品特点

酸甜适口

主料： 藕1节

配料： 花椒少许，葱5克，干辣椒2克，植物油、淀粉各适量，醋、酱油各5克，食盐4克，白糖2克

操作步骤

①莲藕去皮洗净切成丝，放入加了盐的清水里浸泡15分钟左右，捞出，冲洗干净，沥干水分，用厨房纸稍微吸下水分，倒入淀粉拌匀。

②热锅下植物油，油温至六成热时，下拌好淀粉的藕丝炸至有些硬挺时捞出；等油温烧至七八成热时，回锅再稍微炸一下，捞出沥油。

③锅内留少许底油，下红椒丝、花椒煸香，倒入藕丝，调入盐、白糖、葱花，淋丁点醋和酱油后翻匀起锅。

操作要领

油必须多放些，炸的时候用浸炸，用筷子边炸边搅动，藕丝才不会容易粘连在一起。最后一步翻炒一定要快，最好能先把调料调好。

营养贴士

藕的营养价值很高，富含铁、钙等微量元素，植物蛋白质、维生素以及淀粉含量也很丰富，有补血益气、增强人体免疫力的功效。

视觉享受：★★★　味觉享受：★★★★　操作难度：★★

双椒土豆丝

TIME 20分钟

菜品特点：香辣

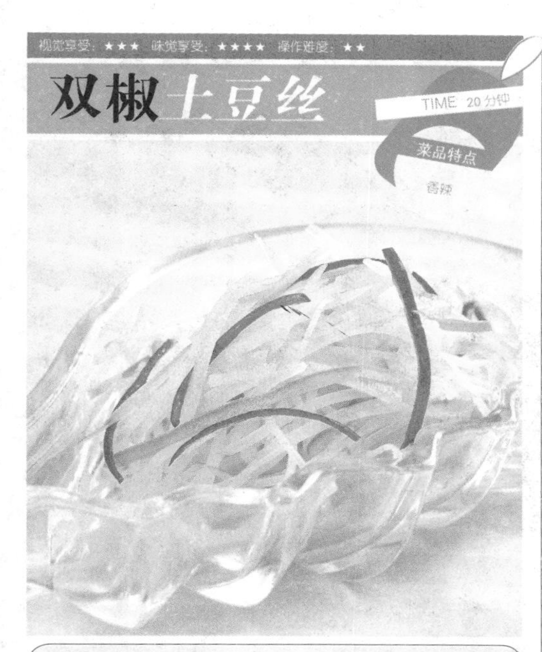

主料： 土豆300克，青、红辣椒各2个

配料： 葱末10克，醋、酱油、精盐各适量，味精少许，植物油25克

操作步骤

①土豆洗净，削去皮，切成细丝，用清水浸泡15分钟，捞出沥干水分；青椒、红椒洗净，去籽，切成丝。

②炒锅烧热，倒入植物油，放入青、红椒炒至变色，盛入盘中。

③锅内留少量油，煸香葱末，放入泡好的土豆丝，翻炒至熟，放入青、红椒丝，加精盐、酱油、醋、味精和少量清水，炒拌均匀，装盘即可。

操作要领

土豆丝一定要切得细，否则会影响整道菜的口感。

营养贴士

以100克土豆为食用单位，其中含水分79.9克、蛋白质2.3克、脂肪0.1克、糖类16.6克、粗纤维0.3克，微量元素钙、磷、铁含量分别是11毫克、64毫克、1.2毫克。

主料： 甘蓝300克

配料： 红干椒丝少许，油30克，香油、白糖、精盐、味粉各适量，姜、蒜各少许。

操作步骤

①甘蓝除去外面老叶，洗净，切成块备用；红干椒、姜切丝；蒜切片。

②炒锅上火烧热，加底油，用姜、蒜炝锅，下入红干椒丝煸炒片刻，再放入甘蓝煸炒，加白糖、精盐、味粉，用旺火翻炒均匀，淋香油，即可出锅。

操作要领

此菜要旺火速成，才能保证甘蓝香辣爽脆的口感。

营养贴士

甘蓝菜含有维生素K，维生素K在维持骨骼密度上发挥着重要的作用，所以妇女、老人要多吃甘蓝菜，骨骼会更加密实，骨折的机会也较少。

视觉享受：★★★　味觉享受：★★★　操作难度：★★

香辣甘蓝

TIME 10分钟

菜品特点：香辣爽脆

番茄烩茄丝

TIME 20分钟

视觉享受：★★★
味觉享受：★★★
操作难度：★★

主料： 茄子2根，番茄1个

配料： 葱、姜、蒜、植物油、胡椒粉、盐、糖、鸡粉、水淀粉各适量

操作步骤

①番茄切小细块；茄子切粗丝；葱切成葱花；蒜、姜切末。

②植物油热，入姜、蒜爆香，入茄子翻炒，再入番茄微炒。

③加水，加盐、糖、鸡粉、胡椒粉调味，加盖，中火烧约15分钟，茄子软，水收，入水淀粉勾薄芡，撒葱花，起锅即可。

操作要领

茄子吃油很多，因此应该稍微多放油。

营养贴士

番茄性酸，味甘，有生津止渴、健胃消食、清热解毒的功效。对热性病口渴、过食油腻厚味所致的消化不良、中暑、胃热口苦、虚火上炎等病症有较好的治疗效果。

豆蛋类

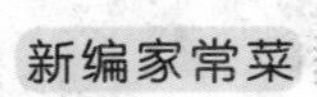

家常油豆腐

视觉享受：★★★
味觉享受：★★★★
操作难度：★★

主料： 豆腐350克

配料： 火腿、香菇、荷兰豆各50克，葱、姜、植物油、酱油、辣椒酱、鸡精、湿生粉各适量

操作步骤

①油豆腐切块；火腿切片；荷兰豆切段；香菇切块，焯水；葱、姜切末。

②起油锅，将油豆腐炸至金黄捞出沥油，留底油，将葱、姜、辣椒酱炒香，放入火腿、香菇、荷兰豆和炸好的油豆腐，放入调料调匀，再放入适量清水，小火焖至收汁勾薄芡，转大火炒匀起锅。

操作要领

炸制油豆腐，火要大，这样才会里嫩外酥。

营养贴士

油豆腐富含优质蛋白、多种氨基酸、不饱和脂肪酸及磷脂等，铁、钙的含量也很高。油豆腐一般人皆可食用，油豆腐相对于其他豆制品不易消化，经常消化不良、胃肠功能较弱的人慎食。

视觉享受：★★★ 味觉享受：★★★★ 操作难度：★

咸鱼蒸豆腐

TIME 30分钟

菜品特点 鲜嫩爽口

主料： 嫩豆腐1盒，咸鱼1条

配料： 青辣椒、红辣椒各1个，姜2片，酱油30克，米酒15克，植物油适量

操作步骤

①去头、尾，片下两面鱼肉，切成丝备用；豆腐切2厘米厚片；辣椒及姜切细丝。

②将豆腐先排于盘底，咸鱼丝放在豆腐上，于中段分别撒上辣椒丝与姜丝，将酱油、米酒、植物油调匀淋在鱼上，置蒸笼内以中火蒸15分钟即可。

操作要领

蒸的时候控制好火候与时间。

营养贴士

豆腐内含植物雌激素，具有抗氧化作用，能缓解更年期不适；此外，豆腐对病后调养、减肥、细腻肌肤亦很有好处。

主料： 猪肉100克，冻豆腐250克，鲜海带100克

配料： 植物油50克，盐4克，味精2克，大葱5克，姜2克，鲜汤适量

操作步骤

①将冻豆腐化开，洗净，挤干水分，切块；海带洗净，切成象眼片；猪肉洗净，切片；葱切末；姜切丝。

②锅内放植物油烧至七八成热，投入葱末、姜丝爆香，然后放入猪肉略炒，放入豆腐和海带煸炒几下，再加入鲜汤，用旺火烧开，撇去浮沫，盖上锅盖，转用小火炖30分钟，加入盐和味精，即可出锅。

操作要领

豆腐越炖越香，如果时间充裕可以多炖一段时间。

营养贴士

此菜具有排毒养颜、减肥的功效。

视觉享受：★★★ 味觉享受：★★★★ 操作难度：★★★

海带炖冻豆腐

TIME 40分钟

菜品特点 松软酥烂 清爽可口

什锦宫保豆腐

TIME 15分钟

菜品特点 味道鲜美

主料：豆腐300克

配料：花生米、莴笋、香菇、胡萝卜各50克，葱、姜、蒜、郫县豆瓣酱、生抽、盐、白糖、湿淀粉、植物油各适量

操作步骤

①起油锅，放入花生米，小火炒香后盛出，凉后搓去红衣；豆腐、莴笋、香菇与胡萝卜均切丁；姜、蒜切成末，葱一半切末，一半切葱花。

②锅内放入适量的植物油，待油温烧至八成热后下入豆腐丁，将豆腐炸成黄色后捞出，沥油，待用。

③锅内留少许底油，下入葱末、姜末、蒜末与郫县豆瓣酱，炒出红油，下入胡萝卜、莴笋、香菇丁、胡萝卜丁炒匀，放入炸好的豆腐炒匀，加入约50克水，放入盐、少许白糖，炒匀后煮约2分钟，下生抽，再放入炒好的花生米，倒入湿淀粉勾芡，撒上葱花即可。

操作要领

宜选用老豆腐，炸制时要小心翻动豆腐，不要让豆腐破烂变形。

营养贴士

豆腐富含蛋白质；香菇能够提高机体免疫功能，延缓衰老；胡萝卜能够促进人体生长发育。

煎豆腐烧扁豆

主料： 豆腐、扁豆各200克

配料： 植物油20克，淀粉（玉米）4克，盐、姜各3克，味精2克，大葱、酱油各5克

操作步骤

①将豆腐洗净切成片；扁豆择洗干净切段；葱、姜切末；淀粉放碗内加水调成湿淀粉。

②炒锅倒植物油烧热，下入豆腐片，煎至两面金黄色，捞出控油。

③锅内留少许底油，下入葱末、姜末煸炒，放入扁豆炒熟，倒入豆腐片，加入少许水、盐、酱油，烧至豆腐入味，用水淀粉勾芡，撒入味精即可。

操作要领

豆腐一定要煎到外焦里嫩。

营养贴士

这道菜中既有豆腐，又有扁豆，蛋白质和维生素含量丰富，适合不同人群食用。

主料： 嫩板豆腐2块，咸蛋2个

配料： 蒜茸5克，葱少许，植物油适量，盐2克，胡椒粉少许，生粉5克

操作步骤

①葱洗净，切末。

②咸蛋洗净，蒸热，用清水浸冷，去壳，切成粒。

③豆腐放入滚水中煮2分钟，捞起沥干水，待冷搓成茸；碗中加少许水、盐、胡椒粉、生粉做成水淀粉备用。

④锅置火上，下植物油，爆香蒜，下豆腐炒透，用水淀粉勾芡再炒片刻，加入咸蛋粒炒匀即可。

操作要领

炒豆腐时一定要快。

营养贴士

豆腐为补益、清热养生食品，常食可补中益气、清热润燥、生津止渴、清洁肠胃、解毒化湿，更适于热生体质、口臭口渴、肠胃不清、热病后调养者食用。

珊瑚豆腐

塌塌豆腐

TIME 20分钟

主料： 豆腐500克，鸡蛋3个

配料： 植物油50克，清汤100克，料酒15克，味精、精盐各5克，面粉、湿淀粉各10克，红椒丝、葱花各少许

操作步骤

①豆腐切成长5厘米、宽3厘米、厚1厘米的片，放笼中蒸。

②把鸡蛋搅拌均匀；将料酒、味精、精盐、面粉、湿淀粉搅成面糊；先在大盘中抹一层面糊，将豆腐块排成两排放在面糊上，再在豆腐上抹一层蛋液。

③加适量植物油入锅，烧至五成热时把豆腐推入锅内，翻煎至浅黄后，倒上清汤、料酒、味精调成的汁，加盖收干，翻扣在盘内，点缀红椒丝、葱花即可。

操作要领

在豆腐上抹上一层蛋液，能使豆腐看上去更有观感。

营养贴士

豆腐有抑制人体吸收动物性胆固醇的作用，有助于预防心血管疾病。

视觉享受：★★★★ 味觉享受：★★★★ 操作难度：★★

鱼茸蒸豆腐

TIME 25分钟

主料： 北豆腐350克，鳜鱼50克

配料： 大葱、盐、植物油各5克，酱油1克，淀粉（玉米）10克，胡椒粉2克

操作步骤

①鱼肉剁烂，加入盐拌打至有胶备用；放干淀粉与清水调成糊状备用；葱洗净切成末。

②边拌鱼胶边加粉糊，再放入葱末、豆腐、精盐、干淀粉拌匀，拍成好看的形状。

③酱油、胡椒粉、植物油调成味汁。

④烧沸蒸锅，放入鱼茸豆腐，用中火蒸约15分钟取出，淋上味汁便成。

操作要领

在鱼胶内搅入粉糊、葱末、豆腐及调料时，要边拌边加。

营养贴士

每100克北豆腐内含蛋白质7.4克、脂肪1.5克、糖类2.7克、矿物质2.3克，微量元素中的钙也比南方豆腐含量高，为277毫克，还含维生素等其他营养物质。

主料： 干白菜、豆腐各200克

配料： 红椒50克，醋、味精、白糖、大豆酱、料酒、牛骨汤、花生油各适量

操作步骤

①干白菜洗净，用温水泡软，放入沸水中焯水，捞出切段备用。

②豆腐切方块；红椒切丁。

③锅内加花生油烧热，下入葱花、干白菜、红椒丁、料酒、醋、大豆酱翻炒，再加入牛骨汤、豆腐、味精、白糖，煮至入味后出锅即可。

操作要领

干白菜入沸水过一下即可，不用烫太久。

营养贴士

干白菜豆腐酱汤营养非常丰富，不论男女老少都能够享用。

视觉享受：★★★ 味觉享受：★★★ 操作难度：★★

干白菜豆腐酱汤

TIME 20分钟

蛋黄炖豆腐

主料： 豆腐50克，咸鸭蛋2个

配料： 干香菇1朵，姜10克，葱花、盐、植物油各适量

操作步骤

①豆腐切成小方块；咸蛋黄碾成泥；干香菇泡热水后切块备用；姜切成丝备用。

②在沸水锅中放入盐、豆腐，煮约10分钟后装盘备用。

③锅中放植物油烧至温热，放入姜丝炒香，再放入香菇和碎蛋黄，不断翻炒，加水烧开。

④蛋黄炒成泡沫状时起锅，浇到豆腐上，撒上葱花即可。

操作要领

豆腐先用开水焯一下，会更加嫩滑。

营养贴士

此菜具有瘦身的功效。

视觉享受：★★★★ 味觉享受：★★★ 操作难度：★★★

湘辣豆腐

TIME 25分钟

主料： 豆腐300克

配料： 红辣椒、干辣椒各2个，香葱少许，蒜末、酱油各10克，食用油500克（实耗40克），豆豉20克，精盐、白糖各5克，味精3克

操作步骤

①豆腐切成四方小块；红辣椒去籽、切丁；葱切花；干辣椒切段。

②炒锅烧热放食用油，放入豆腐块，炸黄捞出备用。

③炒锅留底油，下入大蒜末、红辣椒丁、干辣椒段和豆豉略炒，倒入炸过的豆腐，加入酱油、白糖、精盐、味精炒匀，出锅撒上葱花即可。

操作要领

豆腐不要炒得时间过长。

营养贴士

此菜具有降压降脂的功效。

主料： 豆腐50克，鸡蛋1个

配料： 盐少许

操作步骤

①把豆腐压成豆腐泥；鸡蛋取蛋黄打到碗里，拌均匀。

②将蛋黄液混入豆腐泥，加盐拌匀，揉成豆腐丸子，然后上锅蒸熟。

③出锅后可在丸子上淋少许汤汁（依口味做）再食用。

操作要领

鸡蛋只取蛋黄，不要蛋清。

营养贴士

这道美食特别适合做给一岁左右的宝宝吃，豆腐营养丰富，但豆腐如果单独食用，蛋白质利用率低，如搭配鸡蛋同食则会使蛋氨酸得到补充，使整个氨基酸的配比平衡，从而提高蛋白质利用率。

视觉享受：★★★★ 味觉享受：★★★★ 操作难度：★

清蒸豆腐丸子

TIME 20分钟

肉末烘蛋

视觉享受：★★★★
味觉享受：★★★★
操作难度：★★

主料： 猪肉（肥瘦）50克，鸡蛋150克

配料： 淀粉（玉米）4克，味精5克，盐8克，葱10克，植物油15克

操作步骤

①将猪肉洗净切碎；葱洗净，切成葱花；淀粉放碗内加水调制出湿淀粉备用。

②鸡蛋打散，与肉末、味精、盐、水淀粉、葱花、50克清水和在一起，调匀待用。

③锅中放植物油烧温热，鸡蛋液下锅，用铲子摊成薄饼形，用一圆碗扣上，移至小火慢烘，约4分钟左右，把碗揭开，鸡蛋翻面，把碗再扣上，再烘4分钟左右，切块即可。

操作要领

鸡蛋饼应该尽量摊薄一点，这样一来容易熟，二来更加美观。

营养贴士

鸡蛋含有丰富的蛋白质、脂肪、维生素和铁、钙、钾等人体需要的矿物质，其蛋白质是自然界最优良的蛋白质，对肝脏组织损伤有修复作用。

视觉享受：★★★ 味觉享受：★★★★ 操作难度：★★

剁椒蒸香干

主料： 香干300克

配料： 姜、葱、剁椒各适量

操作步骤

①香干洗净沥干水分，切断摆盘；姜切丝；葱切末。

②放入姜丝、剁椒、葱末，腌渍10分钟。

③放入蒸锅，盖上盖子大火蒸10分钟，关火后再焖2分钟，即可出锅。

操作要领

剁椒本身就很咸，口味重的可以再加少许盐。

营养贴士

香干含有丰富的蛋白质、维生素A、钙、铁、镁、锌等营养元素，营养价值较高。

主料： 鸡蛋3个，青椒1个

配料： 植物油、盐、酱油、鸡粉各适量

操作步骤

①青椒洗净，去籽，切片。

②把鸡蛋都煎成荷包蛋，并将煎好的荷包蛋切片。

③锅热植物油，将青椒丝下锅翻炒2~3分钟，加入切好的荷包蛋片，继续翻炒2分钟，加入适量的盐、酱油和鸡粉，然后起锅即可。

操作要领

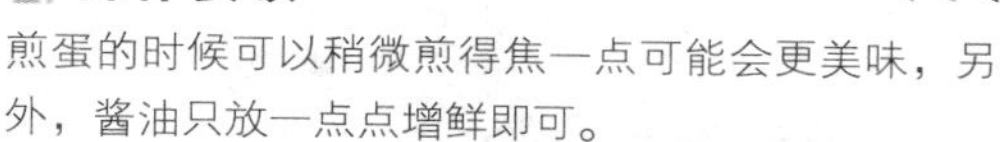

煎蛋的时候可以稍微煎得焦一点可能会更美味，另外，酱油只放一点点增鲜即可。

营养贴士

鸡蛋蛋白质含量高，而青椒则有增加食欲、帮助消化的功效，两者搭配，非常下饭，适合各种人群，可作为一道家常菜，经常食用。

视觉享受：★★★★ 味觉享受：★★★ 操作难度：★★

青椒荷包蛋

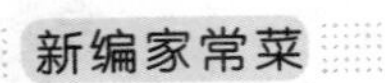

茭白炒蛋

TIME 15分钟

主料： 鸡蛋6个，茭白100克

配料： 蚝油、酱油、料酒、糖、淀粉、鸡粉、植物油各适量

操作步骤

①茭白切丝；鸡蛋打散。

②锅内倒植物油，烧热，倒入蛋液摊成薄薄的蛋饼，盛出；锅内再倒入适量植物油，下茭白丝翻炒至微黄，加少许料酒，倒入蚝油（或酱油），再加入糖调味盛出。

③把淀粉、水、鸡粉、糖和少许酱油调成水淀粉汁，倒入锅内加热至黏稠的薄芡汁，再将茭白和鸡蛋倒回锅内，均匀地包裹上芡汁即可。

操作要领

鸡蛋液里稍微加一点点酱油和料酒，既可去腥气，又可以增香味。

营养贴士

茭白中的豆甾醇能清除体内活性氧，抑制酪氨酸酶活性，从而阻止黑色素生成，它还能软化皮肤表面的角质层，使皮肤润滑细腻。

视觉享受：★★★ 味觉享受：★★★ 操作难度：★★

首乌蒸蛋

TIME 75 分钟

主料： 鸡蛋 100 克

配料： 何首乌 15 克，鸡肉 90 克，盐 2 克，姜 3 克，料酒 10 克，味精、葱花少许

操作步骤

①何首乌切丝装入纱布袋封口；鸡肉剁成糜；姜切成细末。

②鸡蛋打碎放入碗内打匀。

③何首乌加清水 500 克，文火煮 1 小时，弃药留汁，与鸡肉、姜倒入蛋液中，加盐、料酒、味精搅匀，上笼蒸熟，撒上葱花即可。

操作要领

蒸鸡蛋羹的时间要掌控好，否则鸡蛋容易变老。

营养贴士

此菜营养高、软嫩可口，体虚牙口不好的老人、病后恢复中的人 、刚断奶的幼儿都可以吃这道菜来补充营养。

主料： 豆腐 250 克

配料： 香菇、五花肉各 50 克，豆芽少许，植物油少许，蚝油、生抽、料酒、味精、盐、水淀粉各适量

操作步骤

①豆腐切块；香菇提前泡发；五花肉切片。

②锅里放少许植物油爆炒五花肉出油后，放入香菇翻炒出香味，再放入豆芽炒片刻，放入少许蚝油，烹入料酒，放少许生抽翻炒后加入适量水烧开。

③水烧开后放入切好的豆腐块烧至入味，等水烧得差不多的时候用水淀粉勾芡，依个人口味调入味精和盐即可。

操作要领

可以依个人口味加入其他配菜。

营养贴士

这道菜中的香菇可降低胆固醇，豆腐有利于减肥。

视觉享受：★★★ 味觉享受：★★★ 操作难度：★★

香菇炖豆腐

TIME 20 分钟

茯苓松子豆腐

视觉享受：★★★
味觉享受：★★★★
操作难度：★★

主料： 豆腐500克

配料： 茯苓粉30克，松子仁、鸡蛋清各40克，胡萝卜25克，香菇（鲜）30克，盐3克，黄酒50毫升，淀粉（豌豆）5克

操作步骤

①豆腐挤压除水，切成小方块；香菇洗净切块；胡萝卜洗净，切成花型薄片；鸡蛋清打至泡沫状。

②在豆腐块上撒上茯苓粉、盐，将豆腐块摆平，抹上鸡蛋清，摆上香菇、胡萝卜、松子仁，入蒸锅内用旺火蒸10分钟，取出。

③清汤、盐、料酒倒入锅内烧开，加淀粉勾成白汁芡，浇在豆腐上即成。

操作要领

在豆腐块上撒茯苓、盐以及抹鸡蛋清时一定要均匀。

营养贴士

豆腐所含的丰富的蛋白质可以增强体质和增加饱腹感，有利于减肥，适合单纯性肥胖者食用。此道菜具有健脾化湿、防肥减肥、降血糖等功效，适用于中度肥胖者，阳虚肥胖者不宜食用。

清蒸臭豆腐

主料： 臭豆腐200克

配料： 雪菜、豆芽、红椒、香菜、八爪鱼段各少量，味精、鸡精、加饭酒、辣椒油、麻油各适量

操作步骤

①将臭豆腐稍洗，切块，加入味精、鸡精、加饭酒拌匀，装碗中上笼蒸透。

②红椒、雪菜洗净，切丝。

③炒锅上放少许辣椒油浇热，倒入用雪菜、豆芽、红椒、八爪鱼段拌和的料稍炒，再加味精、鸡精、香菜，淋麻油，浇在臭豆腐上即成。

操作要领

做这道清蒸臭豆腐不要一次做太多，要预留臭豆腐变大的空间，排太挤的话，臭豆腐涨不大、吸不饱，汤汁就不会入味。

营养贴士

臭豆腐中富含植物性乳酸菌，具有很好的调节肠道及健胃功效。

主料： 猪肉200克，老豆腐400克

配料： 胡萝卜、马蹄、香菇、小白菜各50克，葱花、盐、鸡精、胡椒粉、鲍鱼汁、酱油、香油各适量

操作步骤

①猪肉剁成泥；胡萝卜、香菇、马蹄、小白菜均切成碎丁。

②将肉泥与所有碎丁放在一起，加入盐、鸡精、胡椒粉，搅拌均匀成馅。

③将豆腐切成小方块，中间用小勺挖一个洞，把调好的馅放进洞内，上蒸锅蒸10分钟。

④出锅后，撒上葱花，浇上适量鲍鱼汁、酱油、香油即可。

操作要领

蒸制时间不要太长，以免影响外观及口感。

营养贴士

此菜具有益气、补虚等功效。

清蒸镶豆腐

双耳蒸蛋皮

视觉享受：★★★
味觉享受：★★★★
操作难度：★★

TIME 30分钟

主料： 干木耳、银耳各30克，鸡蛋2个

配料： 猪肉馅50克，食盐5克，葱末、姜末、蒜末各适量，玉米淀粉、胡椒粉、料酒、香油各少许

操作步骤

①木耳、银耳泡发，洗净后撕成小朵，焯熟，晾凉。

②鸡蛋打散，加入少许玉米淀粉，放入不粘锅中摊成2张蛋皮。

③肉馅、木耳、银耳放入碗中，加入剩余调料拌匀。

④拌好的馅均匀平铺在蛋皮上面，卷好后，放入蒸锅中，大火蒸15分钟，取出晾凉，切段摆盘即可。

操作要领

鸡蛋液中放入玉米淀粉，可以增加蛋皮的韧性。

营养贴士

食用银耳可以清肺，食用木耳具有养颜美容的功效。

蛋煎蛎黄

主料： 牡蛎300克，鸡蛋150克

配料： 洋葱50克，小米椒15克，葱40克，姜5克，盐3克，胡椒粉2克，绍酒6克，植物油适量

操作步骤

①洋葱、小米椒切碎；葱切葱花；姜切丝；将鸡蛋打入碗中打散待用。

②将牡蛎、洋葱、小米椒、葱花、姜丝放入鸡蛋中，放入盐、胡椒粉、绍酒，将所有原料拌匀。

③锅中放植物油，五成热时放入和好的蛋液，轻轻晃动，翻至两面金黄取出，切块摆盘即可。

操作要领

制作过程中，要注意油温，鸡蛋液放入时，油烧得不能太大，否则容易烧焦。

营养贴士

鸡蛋所含营养丰富，而牡蛎中所含的丰富的微量元素对促进胎儿的生长发育、矫治孕妇贫血和孕妇的体力恢复均有好处。因此，这道菜是很好的孕期食品。

主料： 鸡蛋150克

配料： 姜50克，植物油适量，江米酒10克，盐3克

操作步骤

①将鸡蛋磕入碗内打散，加少许精盐。

②鲜姜去皮洗净，切成细丝。

③炒锅注植物油烧热，下入姜丝炒出香味，倒入蛋液翻炒，加入江米酒，小火翻炒5分钟即可。

操作要领

加入江米酒后要用小火，时间不用太长，5分钟即可。

营养贴士

这道菜要趁热吃下，晚上临睡前吃更好，可治疗冬季咳嗽；除此之外，这道菜也是贫血调理、益智补脑的最简单的食物。

姜丝炒蛋

青椒拌豆干

视觉享受：★★★
味觉享受：★★★
操作难度：★★

主料： 豆干 200 克，青辣椒 250 克

配料： 葱白、香菜各少许，香油 15 克，盐 3 克，味精 2 克，樱桃 2 颗（摆盘用）

操作步骤

①青辣椒去蒂和籽后洗净斜切段；豆干切成块；葱白切成丝；香菜洗净切成段。

②锅置火上，放入适量的清水烧沸，投入青椒和豆干焯一下，捞出，沥水晾凉，放入盆内，放入葱丝、香菜段，撒入精盐和味精，淋入香油，拌匀装盘，放上樱桃装饰即可上桌。

操作要领

青椒、豆干等入沸水烫的时候一定要把握好时间，不能烫老，以变色为宜。

营养贴士

豆腐干中含有丰富蛋白质，而豆腐蛋白属完全蛋白，含有人体必需的 8 种氨基酸，营养价值较高，青椒可促进消化，两者搭配，营养又美味。

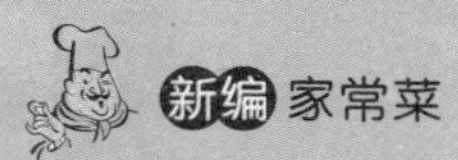

主 食 类

番茄鱼片面

主料： 黑鱼片100克，番茄50克，面条200克

配料： 植物油100克，葱花、盐、鸡精、生粉、胡椒粉、姜、酱油各适量

操作步骤

①黑鱼片洗干净沥去水分后，加入生粉、盐、鸡精、胡椒粉及少量水，用手抓匀腌渍10分钟；姜切末。

②锅中烧开水放入面条煮沸；番茄洗净，切片备用。

③面条煮好后立刻放在冷水下冲凉，锅中放植物油烧热，放入腌好的黑鱼片滑炒至颜色变白，关火捞出备用。

④锅中留底油，烧热后放入姜末爆香，然后放入番茄，加入开水，调入盐、鸡精和少许酱油，烧沸后放入面条煮2分钟后关火，捞出面条盛在碗底，铺上黑鱼片，倒入面汤，撒上葱花及胡椒粉即成。

操作要领

黑鱼片腌渍的时候抓到略有些粘的程度即成。

营养贴士

番茄和黑鱼都是营养丰富的食物，二者结合煮出的面食，是既美味又健康的家常饭！

视觉享受：★★★ 味觉享受：★★★★ 操作难度：★

蛤蜊打卤面

TIME 30分钟

主料： 蛤蜊300克，鸡蛋1个，面条200克

配料： 小油菜50克，植物油、蒜汁、姜汁、盐各适量

操作步骤

①准备一盆淡盐水，滴入少许植物油搅拌均匀，将蛤蜊浸泡4小时以上使其吐净泥沙；鸡蛋打入碗中，加盐后冲泡成鸡蛋羹；小油菜洗净后，用沸水焯熟。

②锅中倒植物油，加热后把蛤蜊倒入翻炒，加蒜汁、姜汁、盐调味，炒至蛤蜊张口后出锅；下面条，放盐煮熟后捞出。

③将蛤蜊、鸡蛋羹、小油菜、面条盛入碗中，倒入面汤即成。

操作要领

冲鸡蛋羹需要用热水，沿碗边冲入。

营养贴士

蛤蜊不仅味道鲜美，而且营养比较全面，是一种低热能、高蛋白、能防治中老年人多种慢性病的理想佳品。

主料： 牛肉200克，面条500克，泡椒13克

配料： 姜20克，白糖2克，花椒少许，生抽10克，老抽5克，盐、香葱各3克，红椒8克，小白菜、豆芽各少许

操作步骤

①将牛肉洗净后，切小块，焯水后捞出；红椒、香葱洗净切段。

②锅内放油，加牛肉、花椒、姜炒香，再加红椒、生抽、老抽翻炒。

③锅中加入开水，再倒入准备好的泡椒，炖煮牛肉直至熟透，最后加入盐、白糖。

④水沸后下面，待水开后加30克水，重复两次，加入小白菜和豆芽，待水开后将面和蔬菜捞入碗内。

⑤将泡椒、牛肉汤盛入碗内，撒上香葱即可。

操作要领

炒牛肉时加少许花椒，味道会更香。

营养贴士

牛肉蛋白质含量高、脂肪含量低、味道鲜美，享有“肉中骄子”的美称，非常受人喜爱。

视觉享受：★★★★★ 味觉享受：★★★★★ 操作难度：★

泡椒牛肉面

TIME 15分钟

肥肠米粉

视觉享受：★★★
味觉享受：★★★★
操作难度：★★

主料： 肥肠100克，鲜米粉150克

配料： 香菜、蒜末、红辣椒、葱花、盐、红油、植物油、花椒粉、料酒、鸡精各适量

操作步骤

①将大肠处理干净，投入沸水锅中焯水至断生，捞起再次洗净；将大肠下锅，熬成原汤；红辣椒切碎备用；米粉用清水透洗干净。

②拣出肥肠切成片，炒锅内放上植物油烧热，下蒜末炒香，放煮肥肠的原汤，再放料酒、盐、鸡精、肥肠，烧沸3分钟后，打渣，盛入碗内。

③盐、香菜、葱花、红油、鸡精、花椒粉、红辣椒末分别装入器具内待用。

④将米粉抓入竹丝漏子里，放入开水中烫热，倒入碗中，用盐、香菜、葱花、红油、鸡精、花椒粉、红辣椒末调味，放入肥肠即成。

操作要领

肥肠要洗净，去净油筋。

营养贴士

中医认为肥肠有祛痰止咳、宁心安神的功效。

视觉享受：★★★ 味觉享受：★★★ 操作难度：★★

湖南米粉

主料： 米粉150克

配料： 榨菜丝、肉丝、葱花各少许，味精、盐、酱油、杂骨汤、干椒粉、熟猪油各适量

操作步骤

①肉丝、榨菜丝炒香，加杂骨汤，焖熟，待用。

②取碗放入盐、味精、酱油、干椒粉、杂骨汤、熟猪油待用。

③锅烧开水，下入米粉，烫熟，捞出放入碗中，浇入肉丝汤，撒上葱花、干椒粉即成。

操作要领

米粉下开水烫熟即可，不要煮太久，否则就会影响爽滑的口感。

营养贴士

米粉是以大米为原料，经浸泡、蒸煮、压条等工序制成的条状、丝状米制品，依口味加上汤汁与配料，营养又开胃。

主料： 干米粉250克

配料： 吐司火腿2片，鸡蛋1个，洋葱丝20克，红甜椒丝、青椒丝各15克，咖喱粉8克，盐5克，细砂糖1克，熟芝麻少许，沙拉油适量

操作步骤

①干米粉入沸水锅中汆烫，水沸后立即捞出盛盘，另以一盘覆盖，焖透后剪短备用；将鸡蛋摊成鸡蛋饼切丝；吐司火腿切丝，备用。

②热锅，倒入沙拉油，放入洋葱丝、咖喱粉炒香，加入青椒丝、红甜椒丝，以小火炒2分钟。

③在吐司火腿丝中加入水、盐和细砂糖调味，放入锅内，最后放入米粉炒至水分收干，撒上鸡蛋丝、熟芝麻即可。

操作要领

配料中可以依自己喜好换其他配料，鸡蛋可以换成虾仁，也可以放上一些绿豆芽等。

营养贴士

这道主食除米粉外又加入多种配料，营养更加均衡。

视觉享受：★★★★ 味觉享受：★★★ 操作难度：★★

咖喱炒米粉

和风荞麦面沙拉

TIME 15分钟

菜品特点

口感滑嫩 独特香味

视觉享受：★★★
味觉享受：★★★
操作难度：★★

主料： 荞麦面150克

配料： 胡萝卜、黄瓜、葱各少许，和风沙拉酱材料：橙醋200克，沙拉油50克，醋25克，黄芥末粉15克，盐、细砂糖各4克，胡椒粉5克，苹果1/2颗，洋葱1/3颗

操作步骤

①苹果去皮、去籽，磨成泥取果汁；洋葱（留少量切丝备用）磨成泥取汁液；胡萝卜、黄瓜切丝；葱切花。

②将苹果汁、洋葱汁与其余和风沙拉酱材料混合均匀即做成和风沙拉酱。

③锅烧开水，下入荞麦面，煮熟，捞出放入碗中，放凉，将沙拉酱浇在上面，撒上胡萝卜丝、黄瓜丝、洋葱丝、葱花撒在上面，吃时拌匀。

操作要领

煮熟的荞麦面，可以放在冰水中，冰镇5~10分钟，口味更佳。

营养贴士

荞麦含有丰富膳食纤维，所以荞麦具有很好的营养保健作用。

视觉享受：★★★ 味觉享受：★★★★ 操作难度：★★★

川北凉粉

TIME 10分钟

菜品特点：细嫩清爽 香辣味浓

主料： 凉粉200克

配料： 黑豆豉、豆瓣酱、菜油各50克，白糖10克，鸡精3克，香油、食盐各5克，醋30克，生抽20克，花生碎、蒜泥各少许

操作步骤

①凉粉洗净，切成中等大小的块，摆放在盘子中。

②锅烧热放菜油，将豆瓣酱、黑豆豉放入锅中炒香，加入白糖、鸡精调味，盛出晾凉，随后加入醋、食盐、生抽、香油、蒜泥、花生碎拌匀，作为凉粉调料。

③将做好的调料浇在在凉粉上即可食用。

操作要领

在制作时，也可根据个人口味，选择加入青菜、黄瓜或者香菜等，营养更全面。

营养贴士

夏季吃凉粉消暑解渴，冬季吃凉粉多调辣椒又可祛寒。

主料： 饺子皮、鸡蛋、绿豆芽、韭菜各适量

配料： 水淀粉、盐、粉条、植物油各适量

操作步骤

①将绿豆芽掐头去尾洗净；粉条温水浸泡至软捞出切碎；韭菜择洗干净切碎；鸡蛋打散摊成蛋皮切碎；将所有菜放入锅中加少许盐略炒，盛出待冷却备用。

②将饺子皮擀成薄片，放上炒好的馅料，先卷起一边，再将两边向中间折起，卷向另一边形成长扁圆形的小包，用水淀粉收口，包成春卷，码入盘中。

③锅置火上植物油烧至七成热，转中火将包好的春卷逐一放入，炸至表面呈金黄色捞出，沥油装盘。

操作要领

炸的火候要掌握好，不要用大火，以免炸焦。

营养贴士

春卷有迎春之意，是春节宴席上不可少的佳肴。

视觉享受：★★★★★ 味觉享受：★★★★★ 操作难度：★

三丝春卷

TIME 30分钟

菜品特点：色泽美观 酥脆上口

槐花鸡蛋饼

主料： 槐花 200 克，面粉 100 克，鸡蛋 3 个

配料： 食盐 5 克，鸡精 3 克，虾仁、葱花、姜末、植物油各适量

操作步骤

①槐花洗净，控干水分；虾仁洗净，切成小块。

②槐花、虾仁放入碗中，加入面粉、鸡蛋、葱花、姜末、鸡精、食盐搅拌均匀。

③锅内倒入适量植物油，锅热后下入面糊摊平，两面煎至金黄盛出，晾凉后切成小块，摆盘即可。

操作要领

面粉量不要太多，只用鸡蛋液调匀即可，不需要放水。

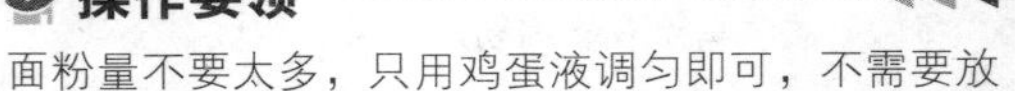

营养贴士

槐花能增强毛细血管的抵抗力，减少血管通透性，可使脆性血管恢复弹性的功能，从而降血脂和防止血管硬化。

主料： 韭菜150克，白面粉、鸡蛋各100克，食盐3克

配料： 植物油80克，酱油30克

操作步骤

①将韭菜去死叶洗净，切末；鸡蛋磕在碗里，搅匀。

②在韭菜里加入食盐、鸡蛋、酱油、白面粉以及适量水，拌匀制成面糊。

③在平锅里倒入植物油，用中火烤热，放入韭菜面糊摊成圆薄饼，煎至变色即成。

操作要领

韭菜应摘去顶部和底部的死叶。

营养贴士

韭菜具有保暖、健胃的功效，其所含的粗纤维可促进肠蠕动，能帮助人体消化。

主料： 菠菜、面粉各500克，鸡蛋200克，牛奶1000克

配料： 植物油200克，砂糖50克，豆蔻粉、精盐、枸杞各适量

操作步骤

①将枸杞泡发备用；打鸡蛋，拌匀鸡蛋液备用；将菠菜洗净放入沸水内烫熟，捞出控干切末，加入砂糖、鸡蛋液拌匀，把精盐、面粉、豆蔻粉、牛奶放到器皿内调拌均匀，倒入菠菜末、枸杞，调匀成菠菜糊备用。

②把煎锅烧热，倒入植物油，油热后放入菠菜糊摊成薄圆饼，煎至两面金黄色即成。

操作要领

番茄酱也可以换成其他果酱。

营养贴士

菠菜含有蛋白质、脂肪、碳水化合物、粗纤维、钙、磷、铁、胡萝卜素、核黄素等，它不仅是营养价值极高的蔬菜，也是护眼佳品。

干贝酱油炒饭

主料： 米饭500克，干贝100克

配料： 胡萝卜、圆白菜、肉馅各适量，鸡蛋1个，酱油、盐、鸡精、胡椒粉、料酒、葱、姜、植物油各适量

操作步骤

①胡萝卜切成粒；圆白菜切成碎；葱、姜切成末。

②坐锅上火，加肉馅加水（水要多过肉馅），炒至干酥加酱油、胡椒粉、鸡精、料酒、盐、干贝、胡萝卜，炒匀出锅待用。

③坐锅上火加少许植物油，放入打好的鸡蛋炒匀，加入米饭煸炒，挥发出一部分水分以后加入炒好的干贝肉酥炒匀，出锅前加入葱末、姜末和圆白菜碎即可。

操作要领

这道菜一定要高温快炒，这样米饭才不会黏锅，而且米粒还会呈松散状。

营养贴士

米是五谷之首，米饭更是人们日常饮食中的主角之一；一味米饭，与五味调配，几乎可以供给全身所需营养。

红椒炒饭

主料： 熟米饭1碗

配料： 红椒适量，鸡蛋1个，葱、十三香、蚝油、食盐、植物油各适量

操作步骤

①鸡蛋先入炒锅煎成蛋饼，再用铲子分成小块；红椒切小丁；葱切末。

②炒锅放植物油，油热后先下葱末，再下红椒丁翻香，加入米饭炒散，加入十三香，翻炒均匀，再加入适量蚝油炒匀，最后加入炒好的鸡蛋碎片翻炒。

③炒至米饭粒粒分散的时候加入适量食盐调味，炒匀即可出锅，拍成好看的形状盛盘。

操作要领

因为蚝油本身味咸，所以加食盐的时候适量添加。

营养贴士

红尖椒味辛辣，可增强食欲，与米饭、鸡蛋同炒，非常下饭，是不错的主食选择。

主料： 韩国辣白菜（韩国泡菜）150克，米饭100克

配料： 葱半根，鸡蛋1个，辣白菜汁少许，植物油、盐各适量

操作步骤

①辣白菜切成块；葱切花。

②坐锅倒植物油，将鸡蛋炒碎，盛出备用。

③再次坐锅倒油，油热后先下葱花，然后加入泡菜，翻炒均匀，爆出香味，加入米饭，将米饭炒散，最后加入炒好的鸡蛋，加入泡菜汁，根据咸度加适量的盐，翻炒均匀即可。

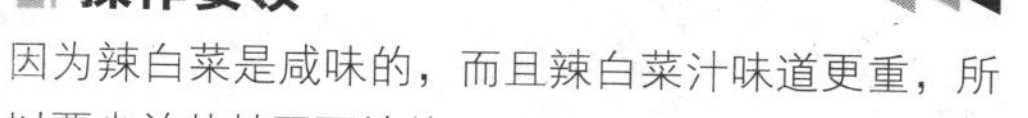

操作要领

因为辣白菜是咸味的，而且辣白菜汁味道更重，所以要少放盐甚至不放盐。

营养贴士

辣白菜炒饭是一种韩式料理，因为它简单而且美味，又不失营养，最适合工作繁忙，而且胃口不好的白领食用。

辣白菜炒饭

素炸响铃

TIME 25分钟

主料： 黄豆100克，面粉100克，黄豆芽50克，胡萝卜30克，香菇30克，冬笋20克，韭菜15克

配料： 植物油、盐、蚝油、砂糖、生抽、淀粉各适量

操作步骤

①黄豆制成稠豆浆，凉后与面粉和成稀面糊；黄豆芽掐去两头洗净待用；胡萝卜、香菇、冬笋均切丝；韭菜洗净切段。

②平底锅微火烧热，用纸巾薄涂层油，倒入面糊，摊成一个圆饼皮。

③另起锅放植物油烧热，放入黄豆芽、香菇丝、冬笋丝、韭菜段烹炒，加蚝油、砂糖、生抽、盐调味，炒匀，最后勾薄芡出锅，待凉。

④将炒好的馅料裹入黄豆皮内，包成三角形，入油锅炸成金黄色捞出沥油，装盘即可。

操作要领

豆皮卷一定要将开口封牢以免炸时入油，影响成菜口感。

营养贴士

豆皮中含有丰富的优质蛋白、软磷脂和多种矿物质，营养价值较高。

视觉享受：★★★ 味觉享受：★★★★ 操作难度：★★

牛肉萝卜蒸饺

TIME 50分钟

主料： 小麦面粉600克，白萝卜600克，牛肉（肥瘦）300克

配料： 大葱50克，姜10克，甜面酱、香油各6克，盐、猪油（炼制）各10克

操作步骤

①将葱、姜洗净均切末；将萝卜洗净擦丝，煮至七八成熟后，捞出剁碎，挤净水分；牛肉洗净切末。

②锅内倒入猪油烧热，放入肉末，煸炒至七八成熟，离火，加入萝卜丝、面酱、葱末、姜末、精盐、香油，调拌均匀，即成馅料。

③将面粉用七成沸水烫成雪花状，晾凉，再倒入三成凉水揉匀成团；面、馅都准备好后开始包饺子。

④将蒸饺上屉，用旺火沸水蒸约10分钟，即可食用。

操作要领

萝卜和牛肉的比例根据个人口味而定。

营养贴士

白萝卜是老百姓餐桌上最常见的一道美食，含有丰富的维生素A、维生素C、淀粉酶、氧化酶、锰等元素。

主料： 面粉、肉馅各500克，虾仁100克

配料： 菠菜、绿橄榄、木耳（鲜）、韭菜、竹笋、盐、鸡精、生抽、食用油、香油各适量

操作步骤

①菠菜开水烫过打成汁，转微波炉打40秒加热，热菠菜汁加入面粉搅拌，和成光滑的菠菜面团，翠色面团揉成长条，切成小剂子，擀成饺子皮；绿橄榄、木耳、韭菜、竹笋分别洗净剁碎。

②肉馅加入食用油、生抽、盐、鸡精、香油拌匀，和所有切好的菜料一起调拌均匀即成。

③饺子皮包入馅料封口，包好的翠饺子上笼锅开蒸15分钟即可。

操作要领

用同样的方法还可做成胡萝卜汁的翡色面团，两个面团掺在一起做成过渡色面团，然后一起捏饺子，形象会更佳。

营养贴士

菠菜含有大量的植物粗纤维，具有促进肠道蠕动的作用，利于排便，且能促进胰腺分泌，帮助消化。

视觉享受：★★★ 味觉享受：★★★★ 操作难度：★★

翡翠蒸饺

TIME 50分钟

红油水饺

视觉享受：★★★
味觉享受：★★★★
操作难度：★★

主料： 面粉500克，瘦猪肉350克，葱白50克

配料： 盐10克，花椒3克，花椒面2克，白糖75克，香油3克，红油辣椒、酱油各150克，姜15克，蒜泥50克，味精适量

操作步骤

①面粉加水，搅匀揉透，搓成圆条，切成100个剂子，擀成薄皮。

②猪肉去筋，捶成肉茸；姜捶茸（加水）挤汁；花椒开水泡后挤汁；将猪肉茸、花椒面、味精、盐、葱末、姜汁、花椒汁混合搅匀成馅。

③捏饺子，锅内水开后下饺子，用汤勺轻轻沿锅边推搅，煮6~7分钟，饺子浮起，皮起皱即熟，捞起盛盘。

④每个碗内加蒜泥、葱末、白糖、香油、红油辣椒、酱油、味精，拌成红油蘸料，分别放在盘边即可上桌。

操作要领

将肉馅置面皮内，对折捏成半月牙形的饺子。

营养贴士

饺子馅中既有猪肉，又有大葱，营养十分丰富。

主料： 虾仁150克，馄饨皮400克，猪肉馅适量

配料： 紫菜10克，香菜、白玉菇各少许，葱、姜、辣椒、料酒、食盐、味精、味极鲜、胡椒粉、花生油、香油各适量

操作步骤

①葱、姜、辣椒、白玉菇切成末；虾仁抽去泥线，从中间横片开。

②猪肉馅加适量花生油搅拌，加入料酒、葱姜末继续搅匀，依次加入辣椒末、白玉菇末继续搅拌，加入味极鲜、食盐、味精、胡椒粉、香油搅拌均匀，馄饨皮包上馅料封口备用。

③锅内添水，放入白玉菇，紫菜烧开，放入虾仁，滴少量的味极鲜，淋入鸡蛋液，加适量盐调味，滴几滴香油制成馄饨汤。

④锅内加水，煮沸后，下入馄饨，待煮3分钟后捞出，放入汤碗内，撒上香菜即可。

操作要领

肉馅在搅拌时要顺着一个方向搅。

营养贴士

虾仁中蛋白质、钙质丰富，开胃补肾 。

主料： 鲜羊腿肉适量，馄饨皮400克

配料： 紫菜、香菜、榨菜丁各少许，葱、料酒、胡椒粉、姜末、盐、蚝油、酱油各适量

操作步骤

①鲜羊腿肉去筋膜剁成肉馅儿，加少许水搅匀，加少许料酒、胡椒粉、姜末、盐、蚝油、酱油，搅拌均匀，腌渍，再多切些葱末，拌匀。

②自制馄饨皮儿，或者买现成的都行，包成馄饨。

③锅里加水或者羊肉清汤，煮开，加入馄饨煮八分熟，加入紫菜、少许盐，再放香菜、榨菜丁即可。

操作要领

喜辣的可以在最后一步加上辣椒酱再出锅。

营养贴士

羊肉既能御风寒，又可补身体，这道美食最适宜在冬季食用。

鸡丝馄饨

TIME 30分钟

主料： 猪瘦肉125克，馄饨皮75张

配料： 熟鸡肉丝适量，紫菜、香菜、胡萝卜、榨菜各15克，酱油50克，精盐、葱末、姜末各2.5克，鸡汤1250克，芝麻油13克

操作步骤

①猪肉剁成泥，加入酱油、精盐、葱末、姜末、芝麻油搅拌成馅，共捏馄饨75个。

②紫菜撕成小片；胡萝卜、榨菜切小丁；香菜切段。

③锅内放水烧沸，放入馄饨，水沸后改用小火煮熟，捞出放入碗中，撒上紫菜、熟鸡丝、胡萝卜、榨菜、香菜，再把鸡汤烧沸，浇到碗中即可食用。

操作要领

馄饨皮薄易熟，不宜久煮。

营养贴士

鸡丝馄饨可以益气养血、健脾益胃、养阴生精、补益脏腑、软坚化痰、清热利尿，对于产妇尤为有益，且对贫血、软骨病、佝偻病等有一定的治疗作用。

视觉享受：★★★ 味觉享受：★★★★ 操作难度：★★

牛肉包子

TIME 60分钟

菜品特点：饱满蓬松 鲜嫩甘辛

主料： 牛肉（肥瘦）250克，洋葱（白皮）200克，小麦面粉500克

配料： 葱汁、姜汁各50克，盐8克，味精2克，白砂糖15克，酱油5克，香油10克，泡打粉、酵母各5克

操作步骤

①将面粉、干酵母粉、泡打粉、白砂糖放盛器内混合均匀，加水250克，搅拌成块，用手揉搓成团，反复揉搓至光洁润滑。

②牛肉洗净绞馅，加盐、味精、酱油、香油拌匀，分次加入葱汁和姜汁，顺时针方向搅拌上劲，直至牛绞肉完全吃足水上劲。

③将洋葱切末，放入盛器中，再加入已上劲的牛肉馅，搅拌均匀，备用。

④将发好的面团分小块，再擀成面皮，包入馅，捏好，以常法蒸熟即可。

操作要领

要以旺火足气蒸制，中途不能揭盖，蒸出的包子才会饱满蓬松。

营养贴士

洋葱具有辛辣的香味，因含有丰富糖类，越煮越甜，与甘嫩的牛肉一同入馅，既美味又健康。

主料： 面粉适量，猪肉、豇豆各250克

配料： 酵母、洋葱、姜各少许，八角、花椒、盐、老抽、鲜味生抽、花生油各适量

操作步骤

①洋葱、姜剁碎；豇豆收拾干净，用热水烫一下，控水后切碎；猪肉剁肉馅。

②酵母融入温水中，倒入面粉中和好面团，用保鲜膜盖好发酵。

③锅内放花生油烧热，放八角、花椒炸出香味后捞出，将热油浇在肉馅上，加适量的老抽、鲜味生抽、盐调味，依次倒入葱姜末、豆角，搅拌均匀。

④将发好的面团分小块，再擀成面皮，包入馅，捏好，以常法蒸熟即可。

操作要领

做馅时倒入葱、姜末要搅拌均匀，腌渍一会儿，再加入豆角，搅拌均匀。

营养贴士

这道主食既有猪肉又有豆角，荤素搭配，营养丰富。

视觉享受：★★★ 味觉享受：★★★ 操作难度：★★

肉丁豆角包

TIME 60分钟

菜品特点：营养丰富

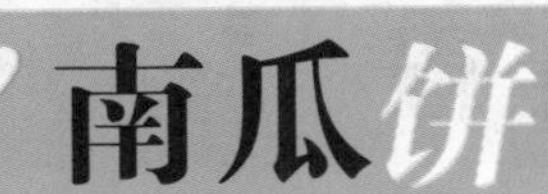

南瓜饼

TIME 45分钟

菜品特点：造型养眼 味香香甜

主料： 南瓜100克，糯米粉250克，玉米淀粉60克

配料： 白糖、豆沙各适量

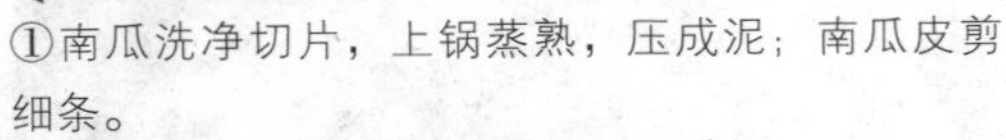

操作步骤

①南瓜洗净切片，上锅蒸熟，压成泥；南瓜皮剪细条。

②南瓜泥中慢慢加入糯米粉和淀粉，加白糖搅拌，然后揉成面团，分成小剂子，压成圆形，包入豆沙，搓成圆球，用手压住，压出八道印子，中间放上南瓜皮做柄。

③把做好的小南瓜上锅蒸，大火蒸熟，南瓜变色熟透即可，取出摆盘。

操作要领

蒸好后的小南瓜特别粘，可以把小南瓜放到糖水中滚下拿出，防干，防粘，还提亮光泽。

营养贴士

南瓜中含有丰富的微量元素钴和果胶。钴是胰岛细胞合成胰岛素所必需的微量元素，常吃南瓜有助于防治糖尿病；果胶则可延缓肠道对糖和脂质吸收。

视觉享受：★★★★ 味觉享受：★★★ 操作难度：★★

椰香南瓜饼

TIME 40分钟

主料： 南瓜150克，糯米粉300克

配料： 白糖、椰蓉、食用油各适量

操作步骤

①将南瓜洗净，去掉皮和瓤后，切成块，放入蒸锅中蒸熟捣成泥，加入白糖、糯米粉，然后做成大小同一的圆饼待用。

②坐锅，倒入食用油，点火，到四成热时，将圆饼投入油中炸熟至呈金黄色。

③装盘撒上椰蓉即可。

操作要领

注意炸制时油温的控制，不要炸焦。

营养贴士

南瓜不但适合不想肥胖的中、青年食用，而且被广大妇女称为"最佳美容食品"，其原因在于南瓜中维生素A含量胜过绿色蔬菜。

主料： 土豆250克，鸡蛋1个，面粉50克

配料： 葱末15克，植物油100克，盐、胡椒面各适量，黄油少许

操作步骤

①将土豆洗净去皮，上火煮烂，滗出水，把土豆捣碎成泥，放上鸡蛋，盐、胡椒面，面粉25克，并混合均匀；将葱切成末，放在黄油里炒一下，倒入土豆泥中，再混合均匀。

②把土豆泥分成4份，全滚上面粉，用刀按成两头尖，中间宽的椭圆饼形，用刀在饼上按上纹路，做成树叶状。

③将煎盘上火，放入少许植物油烧热，把土豆饼下入，煎成金黄色即可。

④土豆饼码放在煎盘里，入炉烤几分钟，土豆饼鼓起，铲入盘中即成。

操作要领

煎饼时掌握好火候、油温，不要煎焦、煎煳。

营养贴士

土豆含有丰富的膳食纤维，是非常好的高钾低钠食品，很适合当作早餐食用。

视觉享受：★★★ 味觉享受：★★★ 操作难度：★★

爱尔兰土豆饼

TIME 60分钟

红薯玫瑰糕

TIME 40分钟

菜品特点
鲜甜可口
玫瑰清香

视觉享受：★★★
味觉享受：★★★
操作难度：★★

主料：红薯 500 克，小麦面粉 300 克

配料：花生油 150 克，玫瑰花糖适量

操作步骤

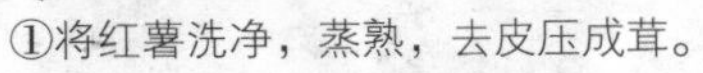

①将红薯洗净，蒸熟，去皮压成茸。

②将 250 克面粉用适量沸水做成面疙瘩，晾凉，放入干面粉 50 克揉匀；红薯茸和湿面团一起和匀，做小面剂子。

③在每个面剂子中放入玫瑰糖，包成圆球形，再按扁成扁圆形糕坯。

④锅内倒入花生油，烧至六成热，放入糕坯，边炸边翻，炸至糕坯鼓起、色呈淡黄时，即可食用。

操作要领

做面疙瘩时，应边冲水边搅匀，直至湿透成面疙瘩。

营养贴士

红薯味道甜美、营养丰富，又易于消化，可供大量热能，可以把它作为主食食用。

视觉享受：★★★ 味觉享受：★★★ 操作难度：★★

红薯饼

TIME 30分钟

菜品特点：色泽诱人 营养健康

主料： 红薯250克，糯米粉150克

配料： 白糖、面包屑、植物油各适量

操作步骤

①将红薯放沸水蒸锅架上，用中大火蒸15分钟至熟。

②取出后趁热用汤匙压成泥，放入糯米粉、白糖、约15克的水，充分揉匀，取适量薯泥用双手先搓成丸子，轻轻压扁。

③锅中放植物油烧到八成热，放入红薯饼用中火炸约8分钟，熄火后用铲将每个红薯饼在锅边压出油分，取出均匀沾上面包屑，装盘，放上装饰即可上桌。

操作要领

红薯饼要干湿度适中，炸的过程中要时时将红薯饼翻面。

营养贴士

红薯含有丰富的淀粉、膳食纤维、胡萝卜素、维生素A、维生素C、维生素E以及钾、铁、铜、硒、钙等10余种微量元素和亚油酸等，营养价值很高。

主料： 地瓜300克

配料： 面粉、白糖、植物油、青红丝各适量

操作步骤

①地瓜洗净切片蒸熟，放凉去皮，手抓成泥，加入面粉和少许糖，揉成软硬合适的面团。

②揪适量面团，揉圆后拍扁成圆形，锅底滑过少许植物油，将饼坯放入。至双面金黄上色均匀，用青红丝点缀即可。

操作要领

根据地瓜的甜度，来决定放多少糖。

营养贴士

地瓜中含有大量黏液蛋白，能够防止肝脏和肾脏结缔组织萎缩，提高机体免疫力，预防胶原病发生。

视觉享受：★★★★ 味觉享受：★★★★ 操作难度：★★

地瓜饼

TIME 10分钟

菜品特点：色泽金黄 香味醇厚

南荠草莓饼

主料： 荸荠500克，草莓酱100克

配料： 面包渣100克，干淀粉10克，鸡蛋清50克，食用油适量

操作步骤

①将荸荠去皮后用刀背拍碎，块大的再剁开，用豆包布包好拧干水分，加入干淀粉搅拌均匀，和成面团。

②将面团分块包上草莓酱成球状，逐个粘上鸡蛋清、面包渣拍实。

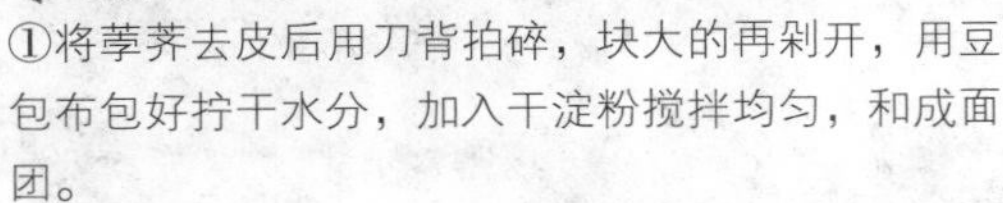

③起锅放食用油，投入荸荠饼坯，炸至微黄色捞出码盘按扁即可。

操作要领

这道菜最后还可以在锅内加入水、白糖烧开，用水淀粉勾玻璃芡，淋明油，浇在饼上。

营养贴士

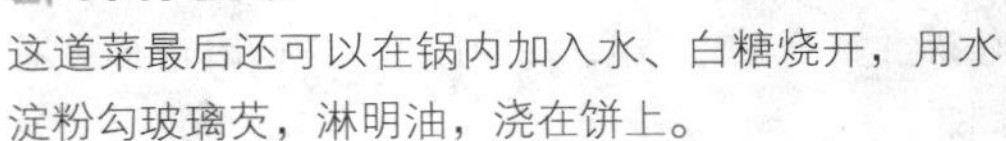

荸荠不仅可以促进人体代谢，还具有一定的抑菌功效，再加上其丰富的营养成分和独特的口感，的确是不可多得的食物。

视觉享受：★★★ 味觉享受：★★★ 操作难度：★★

山药扁豆糕

TIME 60分钟

菜品特点：香味纯香 质地软糯

主料： 新鲜山药500克，白（干）扁豆100克，糯米粉150克

配料： 马蹄粉100克，红枣少许，白砂糖300克

操作步骤

①山药洗净上笼蒸酥，取出去皮，研成泥状待用；白扁豆洗净放入碗中加水蒸酥，取出待用。

②糯米粉、马蹄粉中加入适量的糖水调匀，再把山药泥、扁豆末一起倒入刷过油的盘内，面上摆上适量红枣。

③用旺火蒸30分钟取出，待稍冷后切成菱形状即成，可冷食也可煎食。

操作要领

放红枣的时候要排放整齐，取出切块的时候更加美观。

营养贴士

山药扁豆糕有健脾胃、补气的功效，尤其适于腹胀少食、食后不化、便溏泄泻者食用。

视觉享受：★★★ 味觉享受：★★★ 操作难度：★★

糖汁粑粑

TIME 20分钟

菜品特点：甜而不腻 色香诱人

主料： 水磨糯米粉500克

配料： 糖汁（糖汁是白糖、红糖、蜂蜜兑水而成）适量，巧克力针少许，食用油适量

操作步骤

①油锅烧热，糯米粉搓成饼状下锅，翻煎粑粑。

②待粑粑两面都呈浅金黄色，将调好的糖汁倒入，糖水和食用油迅速融合，冒泡，这一过程要反复翻拌，让每个粑粑都均匀沾到糖汁。

③粑粑渐渐变软，着色，油光发亮，起锅，撒上巧克力针，切成三角形状，盛盘。

操作要领

煎的时候注意不要煎得太老，否则容易爆破。

营养贴士

糖汁粑粑用料简单，味道可口，早上三个糖油粑粑下肚，可使一天精神，体力充沛。

油酥火烧

视觉享受：★★★
味觉享受：★★★
操作难度：★★

TIME 60分钟

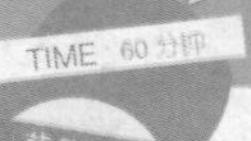

主料： 面粉 400 克

配料： 豆油 60 克，酵母 3 克

操作步骤

①面粉加水和酵母和成面团，醒发；把豆油烧热，倒入面粉做成油酥。

②醒好的面团擀成饼，把油酥涂在面饼上，卷成卷，面卷切成段，在小面卷表面涂点油，然后两端向内折，再把小面卷擀成饼胚，在饼的两面刷油。

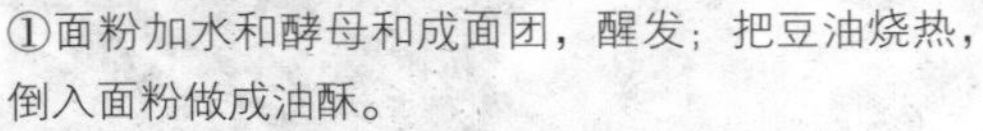

③烤箱预热，中层烤 15~20 分左右。

操作要领

入烤箱前，饼的两面都要刷上油，增加酥脆口感。

营养贴士

该食品外部焦酥，内部松软，适合所有人群食用。

视觉享受：★★★ 味觉享受：★★★ 操作难度：★★

家常锅贴

TIME 25分钟

主料： 猪肉馅200克，饺子皮适量

配料： 葱（末）200克，盐3克，胡椒2克，香油2克，植物油25克，姜、鸡蛋各少许

操作步骤

①肉馅里面放入葱姜末、盐和胡椒粉、鸡蛋、香油搅拌均匀，用少许清水搅打黏稠。

②饺子皮准备好，再准备一碗清水，将适量肉馅放入饺子皮中，饺子皮边缘刷上清水，两边皮捏牢即可，不用全部包上。

③煎锅中涂抹适量植物油，把锅贴紧凑码放，盖好锅盖开始煎制，一分钟后，烹入少量清水盖好锅盖继续煎制，两分钟后再次烹入少量清水，两三分钟后，待水分耗尽便可用铁铲子一齐铲出。

操作要领

开始煎制，隔一两分钟要烹入少量清水，防止煎煳。

营养贴士

本道锅贴具有健脾养脾、养胃健胃、补血养血、补气益气、补充体力的功效。

主料： 面粉500克

配料： 白糖150克，盐、香油各适量，碱2克

操作步骤

①将面粉放入盆内，加适量水、碱、盐和成软硬适宜的面团。

②用抻面的方法拉成11扣面条，顺丝放在案板上，在面条上刷上香油，将面条切成小坯。

③取一段面条坯，从一头卷起来，盘成圆饼形，把尾端压在底下，用手轻轻压扁。

④放入平锅内慢火烙至两面呈金黄色成熟即成。

操作要领

一定要用小火，慢慢煎熟，用大火，外面都焦了，里面还没熟。

营养贴士

面粉富含蛋白质、碳水化合物、维生素和钙、铁、磷、钾、镁等矿物质，有养心益肾、健脾厚肠、除热止渴的功效。

视觉享受：★★★★ 味觉享受：★★★★ 操作难度：★★★

盘丝饼

TIME 30分钟

艾蒿饽饽

视觉享受：★★★★
味觉享受：★★★
操作难度：★★

主料： 糯米300克，大米200克，艾蒿50克

配料： 红砂糖200克，白糖100克，草碱、菜籽油各少许

操作步骤

①将两种米洗净，提前用清水浸泡12小时，洗净，再加清水磨成稀浆，装入布袋吊干水分，取出放入盆内揉匀，用手扯成块，入笼蒸熟。

②艾蒿去根洗净，用沸水煮一下（煮时放草碱少许），捞出挤干水分，倒入石臼，捶成茸，加少许水，至艾蒿涨发吸干水分后，放入红砂糖，搅匀成糊状，放入米粉，加白糖揉匀。

③将艾蒿粉团装入方形的框内，按在案板上（注意抹清油）抹平，晾凉取出，切成所需形状。

④平锅烧热，放少许菜籽油，放入艾篙饽饽生坯，煎至两面皮脆内烫至熟即成；或者再入笼蒸熟，最后盛盘，放上装饰即可。

操作要领

煎制时要用小火，受热要均匀，注意不要煎焦煳。

营养贴士

艾草有调经止血、安胎止崩、散寒除湿的功效。

枣泥粗粮包

主料： 特精粉 500 克，燕麦 100 克，枣泥馅 400 克

配料： 牛奶 250~300 克，酵母 5 克，食用油适量

操作步骤

①酵母从冰箱取出，放回室温，牛奶加热到 30 度左右，倒进酵母中，把酵母融化，静置 10 分钟。

②把特精粉、燕麦放入面盆中，慢慢倒入牛奶酵母，边倒边搅拌成絮状，揉成光滑面团，发酵至两倍大，取出揉光排气，二次发酵 15 分钟，再拿出揉光。

③把面团均匀分成 12 个剂子，擀面皮，每个放入 30 克左右的豆枣泥馅团，收口，转圈整形。

④在蒸屉涂一层食用油防沾，放入枣泥包静置 15 分钟后，放进已经上汽的蒸锅中，盖好盖子，中火 15 分钟，再关火虚蒸 3 分钟即可。

操作要领

冬天温度低时，可以把面盆放到有热水的蒸锅里发酵。

营养贴士

燕麦片的膳食纤维含量丰富，可以帮助大便通畅，其丰富的钙、磷、铁、锌等矿物质有预防骨质疏松、促进伤口愈合、防治贫血的功效。

主料： 精面粉 900 克

配料： 酵面 100 克，碱粉适量（根据季节不同，制作者掌握）

操作步骤

①将面粉加酵面和适量清水，揉合成面团，经发酵（发酵时间因季节、温度不定）至十成开，加适量碱粉，与面团揉匀，并使去掉酸后，掐成 10 个面坯，逐个揉搓成半圆形馒头生坯，饧 15 分钟。

②锅内水烧沸，将饧好的馒头生坯摆入笼屉内，旺火蒸 20 分成熟，取出晾凉。

③将凉馒头放烤盘内，入烤箱，将馒头烤至发棕黄色，取出即成。

操作要领

和面时水面比例约为 4∶10；面团发酵要足，但不可发过；馒头生坯必须饧一段时间，这样可使蒸出的馒头膨松胀大。

营养贴士

经常吃一些烤馒头对胃非常有好处。

烤馒头

椒盐花卷

视觉享受：★★★
味觉享受：★★★
操作难度：★★

主料： 面粉500克

配料： 鲜奶250克，糖30克，盐少许，酵母6克，椒盐粉适量

操作步骤

①奶用微波转1分半，放入酵母，静置至起泡；面粉过筛，放入糖盐拌匀，将发好的酵母水倒入，面包机揉面40分钟。

②大约两小时后，面团为原来的两倍大，取出，擀平，洒上椒盐粉，切成宽条，三股一拧，打结。

③蒸锅放水，加热一会，关火，放入花卷静置20分钟，大火蒸10分钟，蒸好后晾一会再开锅取出。

操作要领

还有蒸花卷的面发酵到七八成开就可以了，面发的太过蒸出的花卷不容易成形。

营养贴士

椒盐花卷加入了鲜奶、糖和盐，味道咸香，营养更丰富，非常适合做给小朋友吃。

红枣油花

主料： 精面粉500克

配料： 猪板油150克，酵面50克，白糖、红枣各100克，苏打粉、蜜玫瑰各适量，熟猪油少许

操作步骤

①先将面粉放案板上，放入酵面、清水揉匀成面团，用湿布盖上，等2小时发酵后，放入苏打粉、熟猪油、白糖，反复揉匀。

②猪板油去筋膜剁成泥；玫瑰剁细；红枣洗净去核剁成细泥；三样拌和均匀，制成馅料。

③发好的面团放案板上，揉成长圆条，按扁，擀成约2厘米厚薄的长方形面皮，抹上一层馅料，卷成圆筒，搓长稍按扁，切成七八段面剂。

④每个剂子顺丝拉长，叠三层，入笼旺火蒸约15分钟至熟，取出装盘即成。

操作要领

面团要揉匀饧透，揉至光滑为宜。

营养贴士

这道主食中加入了红枣，营养丰富，是冬季滋补的佳品。

三合面发糕

主料： 小麦面粉300克，黄豆粉150克，玉米面（黄）150克

配料： 枣（干）25克，梅子25克，酵母15克

操作步骤

①将玉米面放入盆内，倒入八成开的水边搅边烫，晾凉后与面粉掺在一起，加入鲜酵母，用温水和成稀软面团。

②将红枣用开水泡开，洗净，去核，与青梅均切成小条。

③将发好的面团放在案板上，掺入黄豆粉揉匀，加入红枣条、青梅条拌匀，备用。

④向蒸锅内倒水，烧沸后铺好屉布，倒入面团，用手蘸水拍匀，再用小刀蘸水割成小方块，用旺火蒸熟，即可食用。

操作要领

切面团的时候蘸一下水，不易粘。

营养贴士

三合面混合食用，其蛋白质的营养价值显著提高，有助于人体吸收。

小米面发糕

视觉享受：★★★★
味觉享受：★★★★
操作难度：★★

主料： 小米面500克

配料： 小麦面粉120克，红小豆60克，酵母15克

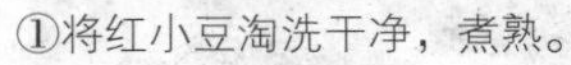

操作步骤

①将红小豆淘洗干净，煮熟。

②将面粉放入盆内，加入鲜酵母、适量温水，和成稀面糊，静置发酵，待面发起后，加入小米面，和成软面团，分成若干扁圆形面团。

③向蒸锅内倒水，烧沸后铺上屉布，放入和好的面团，用手蘸清水轻轻拍平，把煮熟的红小豆撒在上面，用手拍平，盖严锅盖，用旺火蒸熟，即可食用。

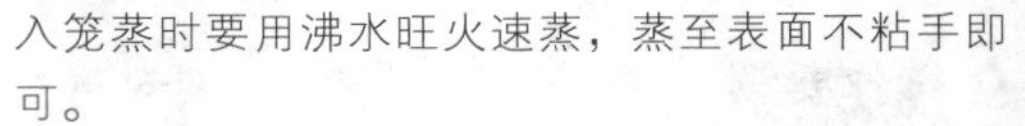

操作要领

入笼蒸时要用沸水旺火速蒸，蒸至表面不粘手即可。

营养贴士

这道主食富含磷、铁、钙、脂肪、维生素 B_1、维生素 B_2、胡萝卜素、尼克酸及蛋白质等，适宜孕妇、缺铁性贫血患者食用。

视觉享受：★★★ 味觉享受：★★★★ 操作难度：★★

南瓜发糕

主料： 南瓜 300 克，自发粉 260 克
配料： 牛奶适量

操作步骤

①把南瓜去皮、切块、煮熟，捣成泥状。

②趁热加入自发粉和热牛奶，调成比较稀的南瓜糊。

③将南瓜糊放入密封容器内，在室温条件下放置 2~3 小时，等它体积膨胀一倍之后，做成想要的形状，隔水蒸 20 分钟，出锅，晾凉后切片。

操作要领

因为发酵需要一定的温度，所以要趁南瓜泥热的时候加入自发粉和热牛奶。

营养贴士

南瓜含有丰富的胡萝卜素和维生素 C，可以健脾、预防胃炎、防治夜盲症、护肝、使皮肤变得细嫩，并有中和致癌物质的作用。

主料： 小土豆、鸡蛋各 5 个，面粉适量
配料： 发粉少许，白糖适量，蜡纸 1 张

操作步骤

①将土豆削皮切成薄片，用清水浸泡几分钟，放入蒸笼，蒸半小时后制成土豆泥。

②将面粉装盘上屉蒸 30 分钟，凉后擀成细粉。

③取蛋清加糖、熟面粉、发粉、土豆泥搅拌均匀，并切成几块想要的形状。

④在小笼屉内铺一张蜡纸，将做好的生坯放入笼屉，蒸 15 分钟即可。

操作要领

土豆含有一些有毒的生物碱，蒸之前放入清水中浸泡，蒸时宜大火。

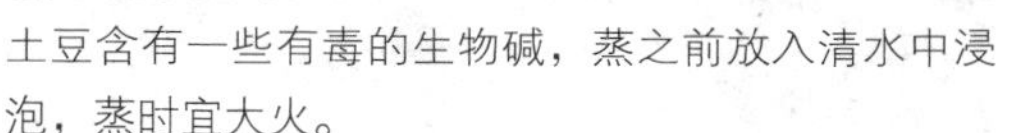

营养贴士

这道食品适合宝宝夏天作为糕点零食，可为宝宝补充蛋白质、增加营养。

视觉享受：★★★★ 味觉享受：★★★ 操作难度：★★

白玉土豆凉糕

奶香瓜子饼

视觉享受：★★★
味觉享受：★★★
操作难度：★★

主料： 面粉200克

配料： 黄油100克，糖30克，鸡蛋1个，奶粉20克，瓜子仁适量

操作步骤

①黄油在室温软化，用打蛋器搅打至发白，加入砂糖，搅打均匀；另取一碗，打蛋，打至均匀。

②鸡蛋液分三次加入黄油中，每次都要充分搅拌均匀才可以再加下一次，否则容易油水分离，影响成品。

③面粉与奶粉混合过筛，筛好后加到黄油和蛋液的碗中，轻轻搅拌至面粉全部湿润。

④取出一小团面团，或揉或搓或捏成圆形，稍稍压扁，均匀地撒上瓜子仁，做好的饼干放入烤盘，上面刷上蛋液，放入预热好的烤箱180度，中层，约20分钟左右，取出放上装饰品，摆盘即可。

操作要领

加面粉的时候，不要过度搅拌，以免起筋。

营养贴士

葵花子含丰富的不饱和脂肪酸、优质蛋白、钾、磷、钙、镁、硒元素及维生素E、维生素B_1等营养元素。

视觉享受：★★★★★ 味觉享受：★★★★★ 操作难度：★

小米饼

TIME 40分钟

菜品特点：色泽金黄 美味健康

主料： 小米、面粉各适量，鸡蛋1个

配料： 蜜糖15克，猪油10克，香油适量

操作步骤

①小米与水按1∶1煮成饭，然后用筷子搅散，再盖上盖保温挡焖一会儿，焖好的小米饭与面粉、鸡蛋、猪油、蜜糖混合，用筷子搅拌出黏性。

②热锅，加香油，油热放上小米混合物，用勺子按成饼形，盖上盖子用小火煎，中间转动饼几次，使饼的各部分受热均匀，饼的表面颜色变深时，证明已经煎透了，小心地给饼翻一个身，再煎一会儿即可。

操作要领

根据个人喜好，可以淋上炼乳，自己搭配喜欢的水果。

营养贴士

此饼具有滋阴养血、防治消化不良等功效，尤其适合老人、病人、产妇食用。

视觉享受：★★★★★ 味觉享受：★★★★★ 操作难度：★

手撕饼

TIME 35分钟

菜品特点：口感酥软 美味可口

主料： 面粉适量

配料： 色拉油、辣椒粉各适量

操作步骤

①用温水把面粉先做成面穗状，把面盖起来避免表皮发干，醒10分钟左右，取出放在面板上，分割成大小合适的剂子。

②将分好的剂子擀开，在上面抹色拉油和辣椒粉。然后像折扇子一样，把面皮折起来，再从一端卷起来。将面皮卷好之后，尾端塞入底部，少沾面粉，将面皮按扁，擀成手撕饼面胚备用。

③煎锅放火上，锅热倒入少许色拉油，放入面胚烙制，一面变成金黄色后，翻面烙另一面。可以用锅铲不停地转动饼并轻轻敲打，使饼随着敲打层次更加分明。

④两面金黄时，饼便熟了，出锅即成。

操作要领

经过锅铲敲打的饼，层次分明，轻轻一抖，能松散开。所以这步不能省略。

营养贴士

此饼制作简单，口感酥软，适合做早餐。

燕麦核桃仁粥

视觉享受：★★★★★
味觉享受：★★★★★
操作难度：★★★

主料： 燕麦 50 克，核桃仁 30 克
配料： 白糖 3 克，玉米粒、鲜奶各适量

操作步骤

①燕麦泡发洗净。
②锅置火上，倒入鲜奶，放入燕麦。
③加入核桃仁、玉米粒同煮至浓稠状，调入白糖拌匀即可。

操作要领

煲此粥时，一定要将燕麦用清水泡发 30 分钟以上。

营养贴士

燕麦含有多种酶类，不但能抑制人体老年斑的形成，而且具有延缓人体细胞衰老的作用，是老年人心脑病患者的最佳保健食品。

视觉享受：★★ 味觉享受：★★★ 操作难度：★

胡萝卜菠菜粥

TIME 30分钟

菜品特点：清新爽滑 营养丰富

主料： 胡萝卜400克，米150克，菠菜150克

配料： 酱油、香油、盐各少许

操作步骤

①胡萝卜切丁备用；菠菜洗干净切断备用。

②在锅中添水加热后下米煮米。

③米粥煮开后加入胡萝卜，加热5分钟，放入少许香油。

④粥再次煮沸后放入菠菜，煮2分钟后加入酱油和盐搅拌出锅。

操作要领

煮粥时候要用文火。

营养贴士

胡萝卜和菠菜都是护眼的佳品，因此这道粥非常适合在电脑前工作的上班族。

主料： 紫菜50克，粳米100克，娃娃菜100克，虾仁60克

配料： 精盐、鸡精、猪肉末各适量

操作步骤

①将紫菜洗净，粳米淘洗干净。

②取锅放入清水、粳米，煮至粥将成时，加入紫菜、娃娃菜、虾仁、猪肉末、精盐，再略煮片刻，出锅后撒上鸡精即成。

操作要领

紫菜不宜久煮，久煮易变色。因此紫菜可以最后再放。

营养贴士

紫菜所含的多糖具有明显增强细胞免疫和体液免疫功能，可促进淋巴细胞转化，提高机体的免疫力，显著降低进血清胆固醇的总含量。

视觉享受：★★★★ 味觉享受：★★★★ 操作难度：★

白菜紫菜猪肉粥

TIME 40分钟

菜品特点：口感顺滑 色彩缤纷

桂圆糯米粥

TIME 60分钟

主料： 糯米30克

配料： 桂圆10枚，米酒400毫升，姜丝、红糖各适量

操作步骤

①将糯米与桂圆肉放入米酒，加盖泡2个小时。

②在浸泡好的材料中放入姜丝，加入250毫升米酒，大火烧滚后改小火加盖煮40分钟，再加入米酒150毫升，煮开熄火，加适量红糖即可。

操作要领

糯米最好先浸泡一段时间。

营养贴士

此粥具有泻火解毒、促进代谢等功效。

蛋蓉玉米羹

主料： 玉米笋（罐装）100克，鸡蛋150克

配料： 炼乳（甜，罐头）50克，白砂糖10克，淀粉（豌豆）5克

操作步骤

①锅中加清水烧热，倒入罐装玉米笋和炼乳，加入白糖搅匀，熬2分钟左右，勾薄芡。

②鸡蛋打成蛋液，淋入锅中成蛋蓉，搅拌均匀，倒入汤碗中即成。

操作要领

鸡蛋液淋入锅内一定要搅拌均匀。

营养贴士

玉米笋含有丰富的维生素、蛋白质、矿物质，营养含量丰富；并具有独特的清香，口感甜脆、鲜嫩可口。

主料： 粳米100克，猪肉（瘦）200克

配料： 淀粉（蚕豆）10克，大葱6克，料酒10克，酱油5克，盐2克

操作步骤

①粳米淘洗干净，用冷水浸泡半小时，捞出，沥干水分；大葱一半切末，一半切葱花。

②除粳米外，把猪肉切末，加入葱末、料酒、酱油、盐和淀粉全部混合，用力搅拌至产生黏性，然后搓成直径2～3厘米的丸子。

③将粳米放入锅中，加入约1500毫升冷水，用旺火烧沸，再改用小火熬煮。

④待粥在小火上煮25分钟以后，放入肉丸，米烂肉熟时撒入葱花，即可盛起食用。

操作要领

水沸后，用小火慢慢熬，粥的口味才会更佳。

营养贴士

粳米富含多种营养元素，其味甘淡，其性平和，每日食用，百吃不厌，是天下第一补人之物。

肉丸香粥

枸杞山药瘦肉粥

TIME 30分钟

菜品特点

粥汁糯浓
滑润适口

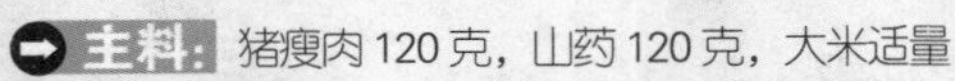

主料： 猪瘦肉120克，山药120克，大米适量

配料： 枸杞、葱花、盐、鸡精、料酒、淀粉各适量

操作步骤

①大米洗净泡水1小时；瘦肉浸泡出血水后洗净切块，放入盐、鸡精、料酒、淀粉，抓拌均匀后腌渍10分钟；山药洗净去皮切块。

②锅中放入泡好的大米，放入适量清水煮开，放入山药、瘦肉、枸杞，小火熬煮至黏稠，撒上葱花即可。

操作要领

在煮粥的过程中，要时不时地顺一个方向搅拌下，这样煮好的粥会很稠。

营养贴士

山药有抗衰老的滋补作用，还有增强细胞免疫功能等功效。

视觉享受：★★★ 味觉享受：★★★★ 操作难度：★

薏米百合瘦肉汤

TIME 240分钟

菜品特点

鲜美溢口

主料： 猪瘦肉250克

配料： 薏米10克，胡萝卜30克，莲子、干百合、玉竹各5克，芡实15克，盐5克

操作步骤

①把薏米、莲子、干百合、玉竹、芡实一一洗净，放在清洁器皿中用温水浸泡30分钟。

②猪瘦肉切成小块，放入沸水中焯煮，1分钟后捞出，洗净血沫；胡萝卜洗净切成小块备用。

③锅中放入八成满的水，煮开，放入肉块、胡萝卜和浸泡好的全部材料，用大火煮开，再转小火煮3小时，最后加盐调味即可出锅。

操作要领

盐一定要少加，甚至可以不加，因为有丰富的材料，汤的味道已经很鲜美了。

营养贴士

此汤清甜滋补，有去湿开胃、除痰健肺等温和清凉功效，特别适宜身体瘦弱的老人饮用，是夏秋季节的合时汤水。

视觉享受：★★★ 味觉享受：★★★ 操作难度：★★

家常发面糖饼

TIME 30分钟

菜品特点

甜香可口

主料： 小麦面粉500克

配料： 酵母（干）3克，红糖适量

操作步骤

①酵母溶于水，加面粉揉匀，揉成非常软的面团，盖保鲜膜发至温暖处，发酵至2倍大；用红糖与面粉3:1的比例调好红糖馅。

②发好的面团揉匀，做成剂子，取一份按扁，擀成四周薄中间厚的面皮，像包包子一样包入红糖馅，收口朝下，按扁。

③室温饧发10分钟，电饼铛里擦少许油，上下火，放入糖饼，盖盖，烙至两面金黄即可。

操作要领

红糖馅中糖与面的比例很重要，使调出来的红糖馅在饼烙的时候既不流红糖液又不干。

营养贴士

红糖保留了较多甘蔗的营养成分，也更加容易被人体消化吸收，因此能快速补充体力、增加活力。

主料： 小南瓜300克，面粉适量

配料： 食用油、糖各适量

操作步骤

①南瓜洗净切开，蒸熟，蒸熟的南瓜压成泥倒入面粉中，加糖，搅拌均匀，揉成面团，饧发20分钟。

②揪出大小合适的剂子，搓成圆子，压扁。

③不粘锅放食用油，放入南瓜饼煎，一面煎好翻面，煎至金黄即可。

操作要领

饼子不要太大，一个拳头大小就可以，油一定要多些，温火下锅，小火慢煎。

营养贴士

传统的南瓜饼一般是采用油炸的居多，对老人、小孩的健康不是很好，这款南瓜饼采用的是煎的方式，用油更少，也更健康。